国家“十一五”科技支撑计划项目“柱式短流程分选的共性与关键技术研究”(2008BAB31B01)资助
国家自然科学基金项目“剪切强化煤泥浮选调浆的作用机理及调控研究”(51504262)资助

浮选调浆界面效应及过程强化

黄 根 著

中国矿业大学出版社
·徐州·

内 容 简 介

本书围绕浮选前矿浆预处理环节，主要介绍了浮选调浆相关理论和技术，包括调浆方法和设备研究现状、调浆对浮选及其动力学的影响、微细粒浮选调浆的界面效应、搅拌槽流场数值模拟与优化、浮选调浆机理和调浆设备的工业应用，系统阐述了浮选调浆的作用、调浆对浮选过程的影响、调浆的界面效应、搅拌调浆流场特性、搅拌过程强化和双轴搅拌调浆装置的工业应用。

图书在版编目(CIP)数据

浮选调浆界面效应及过程强化/黄根著. —徐州：中国矿业大学出版社，2025.5. —ISBN 978-7-5646-6676-7

Ⅰ. TD923

中国国家版本馆 CIP 数据核字第 20257FP592 号

书　　名　浮选调浆界面效应及过程强化
著　　者　黄　根
责任编辑　陈　慧
出版发行　中国矿业大学出版社有限责任公司
（江苏省徐州市解放南路　邮编 221008）
营销热线　(0516)83885370　83884103
出版服务　(0516)83995789　83884920
网　　址　http://www.cumtp.com　**E-mail**:cumtpvip@cumtp.com
印　　刷　江苏凤凰数码印务有限公司
开　　本　787 mm×1092 mm　1/16　**印张** 11　**字数** 186 千字
版次印次　2025 年 5 月第 1 版　2025 年 5 月第 1 次印刷
定　　价　46.00 元

前　言

浮选是目前分选和回收微细粒矿物最常用、最有效的方法，为了提高微细粒矿物的浮选效果，国内外学者和技术人员从浮选设备、药剂和工艺等方面开展了大量深入细致的研究工作，浮选设备呈现多样化的发展趋势，如机械搅拌式浮选机、喷射式浮选机和以旋流静态微泡浮选柱为代表的各种柱式分选设备等。新型浮选药剂的研发也受到广泛关注，如复合捕收剂、乳化药剂等。调浆作为浮选前的预处理环节，对浮选效果具有重要的影响，大量的现场生产和实验室研究结果表明，调浆对于浮选效果的提高具有明显的促进作用。对于微细粒和表面疏水性较差的煤和矿物，仅通过浮选药剂、工艺和设备优化难以彻底解决其分选难的问题，高效调浆则为进一步提高浮选效果开辟了一条新的途径。

界面效应不仅发生在浮选过程，也发生在浮选前的调浆过程。随着微细粒矿物分选技术的发展，特别是以浮选柱为代表的“无搅拌”浮选技术的应用，浮选调浆被赋予更多的内涵与要求。浮选调浆不仅要实现难溶性药剂以及矿物颗粒分散，而且要完成药剂在矿物颗粒表面的吸附和铺展。调浆过程的界面效应以及过程强化对矿物浮选，特别是微细粒以及难浮矿物的浮选具有十分重要的意义。

浮选调浆的界面效应及过程强化课题研究源于国家“十一五”科技支撑计划项目“柱式短流程分选的共性与关键技术研究”(2008BAB31B01)专题之一“强制混合调浆技术及装置开发”，针对微细粒及难浮矿物调浆作业存在的突出问题，以提高浮选回收率与选择性为目标，研究药剂的分散、药剂在颗粒表面的吸附和颗粒之间的聚团等界面行为，通过对不同结构和操作条件下搅拌流场的模拟，分析调浆过程中流场对调浆的影响，然后进行高效调浆过程设计，开发高效调浆新设备和新方法。

本书的研究受到了国家“十一五”科技支撑计划项目“柱式短流程分选的共性与关键技术研究”(2008BAB31B01)、国家自然科学基金项目“剪切强化煤泥浮选调浆的作用机理及调控研究”(51504262)的资助。

由于本人水平有限，书中难免存在缺点和疏漏，敬请各位同行和广大读者批评指正。

著　者

2024 年 10 月

目　录

1 绪 论

浮选是基于矿物表面疏水性的差异，利用气泡进行分离的一种分离富集方法。煤、石墨和硫化矿等矿物具有一定的天然疏水性，而氧化矿、硅铝酸盐类矿物天然疏水性较差，为了将表面疏水性不同的矿物通过浮选有效分离，浮选过程中通常需要加入一定的捕收剂以提高目的矿物和脉石矿物表面疏水性的差异。调浆作为浮选前的预处理环节，对浮选效果具有重要的影响。

1.1 浮选调浆的界面效应

浮选调浆过程是一个包含固体颗粒、浮选药剂和水的复杂体系，矿物-矿物、矿物-水、矿物-药剂和水-药剂等界面相互作用的过程。该过程在搅拌槽内湍流流场作用下，实现流体剪切、能量和质量传递，促进各界面之间的相互作用。

1.1.1 调浆作用机理

浮选调浆过程涉及的机理比较复杂，多种作用机制共同促进了捕收剂在矿物表面的吸附。煤泥浮选调浆过程示意图如图 1-1 所示。目前关于煤泥浮选调浆机理的研究主要包括以下几个方面：① 颗粒表面的清洗；② 非极性油类捕收剂的分散；③ 捕收剂分散后与颗粒的碰撞、吸附和脱附；④ 吸附药剂后颗粒之间的疏水絮凝。

(1) 颗粒表面擦洗

煤泥浮选时，高灰细泥易罩盖在煤粒表面，降低粗粒煤泥的可浮性，同时增加浮选精煤灰分。调浆时高湍流条件下的剪切，可使颗粒表面受到流

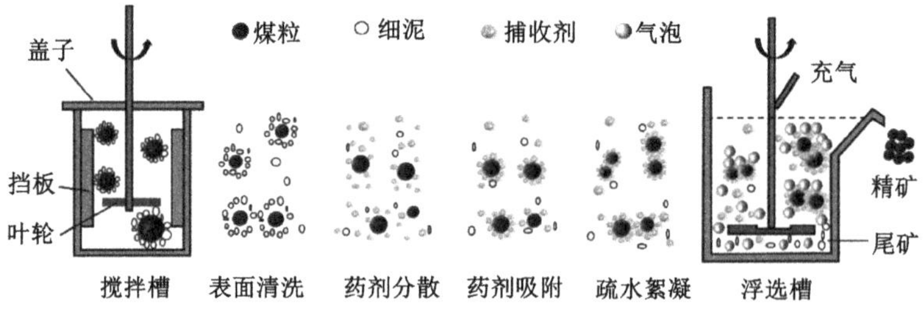

图 1-1 煤泥浮选调浆过程示意图[1]

体擦洗，将颗粒表面的细泥矿物分离，达到清洗矿物表面的作用。申杰等[2]针对某选煤厂的高灰细粒煤泥，在 −45 μm 粒级含量为 70%以上的情况下，采用短时间的高速调浆，有效减少了细泥罩盖现象，提高了浮选完善指标。Yang 等[3]对粉煤灰进行调浆预处理，提高了浮选指标，发现调浆预处理能有效分离黏附在残炭表面的矿物微珠，提高残炭的可浮性。

高强度的调浆还可以通过颗粒之间或流体-颗粒之间的摩擦作用剥离颗粒表层，对颗粒表面进行改性。低阶煤或氧化煤表面含有丰富的含氧官能团，导致表面疏水性降低，可浮性变差，通过调浆对颗粒表面进行擦洗，能够在一定程度上去除颗粒表面氧化层或含氧官能团，进而改善其表面疏水性。张凯等[4]通过旋流剪切进行调浆并对比了调浆前后的煤泥样品的红外光谱，发现高循环流量下的调浆提高了表面疏水官能团的含量，提高了煤粒表面疏水性。也有学者提出，调浆造成的摩擦效应会降低物料表面的粗糙度和孔隙度。Mao 等[5]在研究中发现，褐煤在较长时间的调浆后，表面粗糙度及大孔隙数目降低，这使得褐煤孔隙含水带来的亲水效应降低，从而使褐煤有了较高的可浮性。但过强或过长时间的调浆也可能导致物料的过度破碎或泥化，从而对浮选产生负面影响。有学者指出，长时间和高强度的调浆过程会使颗粒原本粗糙表面吸附的气体或微气泡消失，加深物料表面水化程度，降低其可浮性。

(2) 非极性油类捕收剂的分散

非极性油类捕收剂在煤炭、石墨、辉钼矿、硫化矿及氧化矿的浮选中有广泛的应用。非极性油难溶于水，因此常以液滴的形式存在于矿浆中。矿浆的水环境作为连续相而捕收剂液滴作为分散相，捕收剂液滴的分散过程实际上是在连续相的矿浆中不断破碎和聚结的动态过程。调浆过程能有效使油类捕收剂液滴分散成小液滴，为后续捕收剂在颗粒上的有效吸附提供条件。

(3) 捕收剂与颗粒的碰撞、吸附和脱附

对于不可溶的捕收剂液滴，适当增强调浆强度和增加调浆时间能够增加捕收剂液滴和固体颗粒之间的碰撞概率。在一定程度内，调浆强度的增加也导致捕收剂在目标矿物上吸附效果提升。但随着调浆强度继续提高，药剂的吸附也会达到饱和，甚至由于过高的调浆强度发生药剂脱附行为，从而导致调浆和浮选效果变差。

(4) 颗粒间的疏水絮凝

剪切絮凝方法最早由学者 Warren 提出[6]，他研究发现，在加入油酸钠捕收剂和采用高强度调浆搅拌的情况下，微细粒白钨矿会发生聚集成团的现象。剪切絮凝也被广泛用于白钨矿、赤铁矿、石英、天青石、煤炭、石墨等多种矿物的浮选。Ni 等[7]研究了细粒石墨的剪切絮凝过程和浮选动力学，发现高速调浆促进了煤油分散，提高了颗粒和煤油的碰撞概率，增加了絮团的数量和尺寸，提高了浮选速度。Huang 等[8]在金红石的浮选中使用苯乙烯基膦酸作为捕收剂，取得了良好的剪切絮凝效果。杨俊彦等[9]在利用氰化尾渣回收有用金属的研究中发现，尾渣中铜、锌的回收率和品位都随着调浆强度的增加逐渐增加，采用剪切絮凝浮选工艺从低品位的尾渣中成功回收了较高品位和回收率的铜和锌。剪切絮凝为浮选微细粒难选矿提供了一种有效的方法。

1.1.2 浮选的界面效应

(1) 气泡-颗粒的黏附和脱附

气泡-颗粒之间的相互作用包括气泡-颗粒的相互碰撞、水化膜的薄化和破裂、气泡-颗粒的黏附。当前的研究一般认为，在气泡和颗粒发生黏附之前，气泡和颗粒间存在水化膜，水化膜在经历排液薄化后，才能形成气-固界面，发生黏附。EDLVO 理论中，将气泡-颗粒之间的作用力概括为范德瓦耳斯力、静电相互作用力及疏水作用力。水化膜的薄化主要受疏水作用力驱动。邢耀文[10]在研究中发现，疏水作用力和颗粒表面疏水性有直接的关系，疏水表面会打乱体相水分子间的氢键结构，使疏水界面水分子热力学上处于不稳定状态，令水分子形成排空区从而引发疏水力。由于气-固界面的形成时间极短，所以水化膜的薄化时间经常在研究中被近似认为是诱导时间。在浮选实践中，疏水性好的颗粒，诱导时间较短，在气泡黏附过程中黏附效率较高。此外，颗粒的形状、粒度，气泡的尺寸和矿浆中电解质或表面活性剂的存在都会影响黏附过程。

在煤炭等矿物的浮选中，非极性的油类捕收剂吸附在颗粒表面，提高了颗粒表面的疏水性。也有研究指出，非极性油可能通过液滴的形式存在于气固界面，Laskowski[11]在研究中提出了油滴可能在气-固界面以多种形式存在(见图 1-2)，在宏观条件下，由界面张力引起的毛细作用力会成为维持黏附的主导作用力。

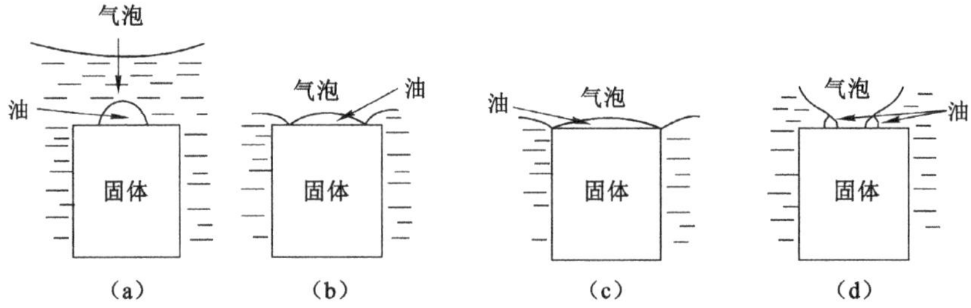

图 1-2　油类捕收剂在气-固界面的存在形式

(2) 液滴的破碎和聚并

浮选过程中，捕收剂液滴会受紊流的环境影响不断发生破碎和聚并。影响液滴破碎和聚并的主要因素是连续相的水动力学和两相界面之间的相互作用。调浆过程中，分散相液滴在连续相中同时受到三个力的作用：外部连续相的湍流剪切力，分散相液滴本身的界面张力和液滴内部黏性力[12]。分散相液滴一方面受到流体连续相外部剪切力的破碎作用，使大液滴破碎并分散成更小的液滴；同时受到液滴-水之间界面张力和液滴内部黏性力的作用，抵抗液滴的破碎和分散。当湍流剪切力大于黏性力和表面张力时，液滴发生形变并最终破碎。随着调浆强度的增加，液滴粒径也会不断减小，同时界面曲率不断减小，导致界面张力的增加，液滴分散会变得更加困难。当这三种力达到平衡时，液滴尺寸达到最大稳定尺寸。

诱导捕收剂液滴的破碎分散机理主要包括[13]：① 湍流波动和碰撞——调浆过程中湍流伴随涡流一同产生。捕收剂液滴受沿表面的湍流压力波动或液滴-涡旋碰撞变形，当波动和碰撞的振幅强度足够时，液滴会向一个方向变形和拉伸产生颈缩，最终分裂成两个或更多液滴。② 剪切力和剪切过程作用——矿浆中产生剪切流的黏性剪切力会在液-液界面周围产生速度梯度，使液滴变形，最终导致液滴破裂。此外由于尾流效应，当液滴在尾流边界区时，也会因速度梯度出现剪切应力。尾流边界上的剪切应力会导致液滴延伸、颈缩而使其分裂。③ 界面不稳定引起破裂——调浆过程的流体动力学特性一般被认为是引起液滴破裂分散的主要原因。也有学者在研究中发现，当气泡或液滴在连续相中上升或下降，即在连续相没有净流动的情况下，界面不稳定也会导致液滴破裂。

(3) 药剂的黏附、吸附和脱附

捕收剂颗粒-液滴的碰撞是捕收剂能有效吸附在颗粒表面的前提。马力强等[14]采用 Sommerfeld 颗粒间碰撞模型将颗粒-液滴相互作用的空间划分为网格区域，煤泥粒径为 R_1，捕收剂液滴分散前粒径为 R_2，分散后粒径为 R，则液滴分散前后的碰撞概率比 C_p 可以表示为：

$$C_p = \frac{n(R_1 + R_2)^2}{\left(R_1 + \frac{R_2}{\sqrt[3]{n}}\right)} = \frac{n(1 + C_R)^2}{\left(1 + \frac{C_R}{\sqrt[3]{n}}\right)^2} \tag{1-1}$$

式中，C_R 为分散前油滴颗粒与煤泥颗粒的半径之比；n 为分散后油滴数量。

当分散前油滴颗粒与煤泥颗粒的半径比一定时，随着油滴分散强度的增大，颗粒碰撞概率增大；油滴分散强度一定时，随着分散前油滴颗粒与煤泥颗粒的半径比增大，颗粒碰撞概率增大。当油滴粒度较大时，分散引起的碰撞概率增大效应更为明显。颗粒碰撞概率与颗粒浓度、粒度、相对运动速度正相关；当颗粒分散后，总的碰撞概率增加。因此，在调浆搅拌过程中，增加剪切力，提高捕收剂的分散程度，有利于提高捕收剂与煤泥颗粒的碰撞概率，特别是在捕收剂油滴粒度较大时，分散可有效提高碰撞概率。

此外，在调浆过程中，药剂的脱附和解吸会同时发生。从润湿性的角度考虑，当黏附和脱附的外界环境一致时，如果黏附可以发生，则说明目标颗粒对药剂的润湿性比对水的润湿性更好，因此脱附可能需要跨越更高的能垒。但是，吸附药剂前后颗粒表面性质的变化、流体环境以及药剂本身性质的变化都会导致脱附的可能性增加。合适的调浆过程能促进药剂在颗粒表面的吸附，但过强的调浆搅拌强度或过长的搅拌时间均可能导致颗粒表面药剂脱附或解吸概率增加。

(4) 颗粒的界面相互作用

颗粒-颗粒的相互作用对浮选具有重要影响。不同于气泡和液滴，颗粒的刚性表面使其碰撞过程中的形变较小，对于极细粒的矿物，其表面能较大、运动惯性小，因此浮选时难以有效回收。通过剪切絮凝微细颗粒形成疏水絮团，颗粒的表观尺寸增大，更容易被气泡捕收。通常剪切絮凝需具备两个基本条件，一是施加足够强的剪切场，二是颗粒需要具有天然的疏水性或经过表面活性剂/捕收剂进行疏水改性，微细颗粒才能形成疏水絮团。

1.1.3 浮选调浆的影响因素

在浮选调浆的过程中，影响调浆效果的因素很多，主要包括颗粒性质、调浆强度、调浆时间和设备结构参数等。

(1) 颗粒性质。颗粒性质包括颗粒的表面疏水性、颗粒粒度组成和表面电位等。在微细粒的调浆过程中，颗粒的表面疏水性是微细粒疏水聚团重要的影响因素之一。如在 Wang 等[15]的研究中采用了高强度的冲击流对氧化煤煤泥水进行调浆，利用颗粒、流体、壁面之间的摩擦去除氧化煤表面的氧化层，提高氧化煤的表面疏水性。在煤泥浮选中，当煤泥水中高灰细泥含量高时，黏土矿物细泥容易罩盖在煤粒表面，一般的剪切流难以剥离细泥，因此需要更大的调浆强度或更长的调浆时间。申杰等[2]在浮选高灰细泥含量较高的煤泥时，采用高速调浆有效提高了精煤产率，同时降低了精煤灰分。此外，颗粒的粒度组成特性也会影响调浆效果，入料中粗颗粒和细颗粒含量不同时，调浆参数不同。张峰[16]在其研究中采用四种不同地区的粒度组成不同的煤泥样品，细粒含量高和细粒含量低的煤泥在相同调浆条件下表现出截然不同的浮选行为，表明颗粒粒度对调浆过程有较大的影响。张振鑫[17]在研究中指出，粗颗粒需要更高的调浆转速才能实现离底悬浮和完全分散，但过强的搅拌会使精矿品位降低，因此不同粒度级主导的煤泥需要采用不同调浆参数才能获得最佳浮选指标。

(2) 调浆强度。在机械搅拌调浆过程中，调浆强度大小主要是通过改变叶轮转速或矿浆循环量进行控制。由于颗粒之间存在相互作用的能垒，尤其是对于表面亲水的颗粒能垒会更大；要实现药剂在颗粒表面的有效吸附和颗粒之间的疏水聚团，首先需要突破颗粒表面水化膜，因此调浆过程中需要有一定的强度或能量输入。对于煤泥浮选，调浆强度增加有利于提高非极性烃类油捕收剂的分散程度,提高药剂与颗粒的碰撞概率;对于表面氧化的硫化矿或氧化煤,调浆强度增加可在一定程度上去除颗粒表面的氧化层,提高颗粒表面疏水性;同时,高强度调浆还可有效清除粗颗粒表面罩盖的高灰细泥,提高浮选效果。但调浆强度过高时,可能会导致颗粒的破碎和颗粒表面药剂的脱附,通常需根据颗粒的性质和浮选效果确定最佳调浆强度。

调浆强度会影响颗粒絮团的形成及其稳定性。罗惠华等[18]对晋宁低品位高硅质胶磷矿进行了剪切絮凝浮选试验,结果表明合适的搅拌强度有利于絮凝浮选,但搅拌强度过大时,颗粒絮团会被破坏,降低浮选效果。金明国[19]对隐晶质石墨进行了高剪切选择性絮凝浮选试验研究,结果表明与常规浮选相比,通过高剪切调浆和选择性絮凝浮选,隐晶质石墨的浮选效果显著提高。

调浆强度同时也影响不溶药剂和颗粒的分散,以及颗粒与药剂之间的碰撞过程。马力强等[20]的研究表明调浆剪切强度对煤泥浮选效果具有重要的影响。调浆过程中捕收剂在煤粒表面的有效吸附受到捕收剂油滴与煤粒的理论碰撞概率、绕流概率和解吸概率的共同影响,适宜的调浆强度可以创造合适的调浆环境,促进捕收剂在煤粒表面的有效吸附,调浆强度不足或过度调浆均不利于浮选。李吉辉等[21]研究了高剪切调浆和捕收剂乳化对煤泥浮选的影响,结果表明高剪切调浆和乳化均能促进非极性烃类油的分散,两种方式均有利于提高浮选效果,节约药剂用量。张峰[16]选用四种煤泥研究了调浆对煤泥浮选的影响,结果表明与常规浮选相比,高剪切调浆后,几种煤泥的浮选精煤产率和可燃体回收率均有一定程度的提高,且在可燃体回收率相近的条件下,捕收剂和起泡剂用量降低。可见,合理的调浆强度能强化药剂与颗粒的相互作用,从而提高浮选效果。

也有学者认为高强度调浆下,矿浆流对矿物存在擦洗作用,能减少细粒夹带和罩盖现象。梁龙等[22]研究表明在煤泥浮选前进行高剪切调浆,能够减少石英、高岭石和伊利石在煤表面的细泥罩盖,提高浮选回收率;但高剪切调浆同时会提高脉石矿物的分散性,加剧浮选时精煤中的水流夹带。因此,选择合适的调浆强度是发挥调浆作用的必要条件之一。

(3) 调浆时间。合适的调浆时间是保证调浆效果的关键。有的学者认为,随着调浆的不断进行,在捕收剂的作用下,疏水颗粒之间会通过凝聚或絮凝形成疏水絮团,即剪切絮凝过程;但过长的调浆时间也会导致絮团过度破碎。从药剂作用角度来看,适当地延长调浆时间能够促进不可溶药剂液滴和颗粒之间的碰撞概率;有选择性的药剂液滴和目标颗粒之间的黏附会随着调浆时间增加而逐渐增加,并和脱附的发生之间形成一种平衡。赤铁矿在中性条件下使用油酸等脂肪酸类捕收剂浮选时,调浆时间对浮选回收率具有重要影响,油酸盐类捕收剂经化学吸附到赤铁矿表面后形成油酸铁,较短时间的调浆就可以满足药剂的吸附,但长时间调浆会导致颗粒泥化现象,降低捕收剂吸附效率[23]。对于不同矿物或不同浮选条件,调浆时间的延长和浮选指标没有必然的联系。吴港生等[24]发现调浆时间超过 20 min 后,锂辉石回收率不再增加,同时,他们研究发现搅拌调浆时间对长石和石英的浮选影响较小。

(4) 设备结构参数。调浆设备结构参数包含搅拌机构参数、矿浆容器结构参数等。李吉辉等[25]分析了目前常用的煤泥浮选调浆设备的特点,指出目前调浆设备仍以机械搅拌式为主,但调浆搅拌方式在不断丰富和发展,如多级调浆和多轴调浆等。传统的叶轮搅拌式调浆常应用在搅拌桶、矿浆预处理器及机械搅拌浮选机中。叶轮参数会直接影响矿浆流速、循环量及矿粒的悬浮分散。叶轮参数包括叶片开孔、中心轴开孔、叶片旋转角、叶片转速、副叶片数量等。李星明[26]研究了叶轮形状参数对调浆过程的影响,结果表明单层的标准六叶直叶式叶轮和双层六斜叶开启涡轮式叶轮均会存在矿浆中颗粒沉降或固体体积分数分布不均的现象,而使用标准三叶推进式叶轮和双层标准六叶直叶片式叶轮时矿浆分布均匀、搅拌混合效果较好。胡锡文等[27]对比了多种搅拌器调浆效果后发现轴流型搅拌器的搅拌功率明显小于径流型,此外搅拌桨叶上开孔会改善搅拌效果但同时降低搅拌功率。选择叶轮机械搅拌时,应综合考虑矿浆、流场、物料及搅拌槽性质。马力强等[20,28-29]对煤泥调浆技术与设备的研究现状及进展进行了评述,分析了现有煤泥调浆设备存在的主要问题,从药剂与煤颗粒的有效碰撞、搅拌叶轮结构对流场特性的影响、煤质特性与调浆强度的匹配等方面提出了今后煤泥调浆的研究方向。

近年来,有学者从调浆方式方面设计了新型调浆设备,如射流调浆、撞击流调浆等。杨涵曦[30]以一种水力对旋射流设备作为调浆设备,通过 PIV 和数值模拟相结合的方法研究了该设备的流场和液-固混合特性,并与传统机械搅拌式调浆槽的调浆效果进行了对比,结果表明在有效输入功率相同的情况下，该设备对石英的改性效果优于机械搅拌槽，使改性后的石英表面接触角显著增加。但流体剪切率过大时，会导致捕收剂从颗粒表面脱附，降低改性效果。周伟[31]对射流调浆装置的流场进行了数值模拟和优化，研究了射流调浆时煤泥与捕收剂的相互作用，结果表明射流作用可以有效去除煤泥表面罩盖的黏土矿物，经射流调浆后，0.5～0.25 mm 和－0.075 mm 粒级煤泥的浮选完善指标显著增加。刘艳等[32]以撞击流强制混合器作为调浆设备，研究了该设备对粉煤灰浮选脱碳的影响，结果表明通过强制矿浆撞击混合的调浆方式可提高粉煤灰的浮选脱碳效果。新型设备从强化物料混合及循环的方向提高了调浆过程的效率。

1.2 调浆方法及设备研究现状

1.2.1 调浆方法概述

浮选预处理过程中，目前比较常用的调浆方法主要有以下几种：

(1) 机械搅拌调浆。该方法借助叶轮或机械结构的旋转带动容器内矿浆旋转流动，以实现固-液之间的充分混合。该方法具有处理能力大、功率低等优点，在煤炭、金属矿和非金属矿浮选调浆中有普遍应用。矿物浮选预处理中，常见的机械搅拌调浆设备有搅拌桶、矿浆预处理器、矿浆准备器、表面改质机等。

(2) 加压射流调浆。加压后的矿浆流会给入射流装置，矿浆在压力下以高速度通过喷嘴产生射流；高速射流同时在容器腔室内产生负压使药剂被吸入、分散并均匀混合，最终高速多相混合的矿浆流在混合喉管中完成调浆过程。该方法常用于选煤厂和选矿厂的浮选前的调浆处理及药剂混合矿物，如喷射式浮选机和浮选柱的射流矿化。射流混合与机械搅拌式混合相比，具有体积小、制造维护费用低等优点。射流混合效果与射流流量、流速，射流管的长度等因素密切相关。由于射流管长度有限，因此相比于机械搅拌调浆，射流调浆效果难以保证。

(3) 静态混合调浆。在管道或设备内放置若干混合单元，使物料经受多次分割，从而实现充分混合。这种方法在化工上应用比较普遍，多用于高黏度流体的混合。由于静态混合时矿浆运动速度和湍流程度相对较小，调浆效果有限,因此该调浆方法在选煤和选矿工艺上均应用较少。

1.2.2 调浆设备

1.2.2.1 搅拌桶

一般搅拌桶的结构如图 1-3 所示[33],主要由桶体、搅拌装置和驱动装置等组成。桶体通常采用圆柱形,为了防止搅拌桶内矿浆出现整体的旋涡运动而吸入空气,桶内一般安装有挡板,部分搅拌桶还安装有导流筒,以提高矿浆的轴向循环。工作时矿浆一般由搅拌桶底部给入,药剂从顶部添加。在一些调浆操作中,为了延长药剂的作用时间、提高药剂和矿浆的预先混合效果,会提前加入药剂,使药剂和矿浆预先混合后一起进入搅拌桶。搅拌过程中通过搅拌叶轮的循环和剪切作用,矿浆与药剂接触后发生相互作用。调浆完成后,矿浆从桶体上部的溢流口排出。搅拌桶因具有结构简单、处理量大、混合均匀、检修方便等优点,广泛应用于金属矿、非金属矿和煤炭等矿物分选作业的调浆环节。

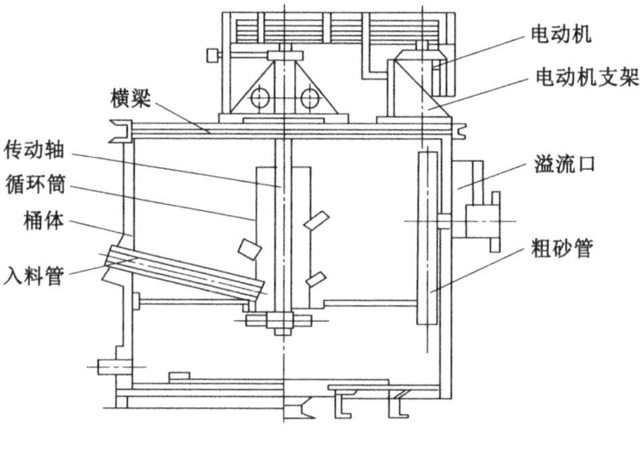

图 1-3 搅拌桶结构示意图

1.2.2.2 矿浆准备器

矿浆准备器是一种用于煤炭浮选预处理的调浆设备,其结构如图 1-4 所示[33]。它工作时矿浆从桶体上部侧壁沿切向进入,经上环形槽混合后,溢流至下环形槽,然后进入矿浆分散槽。药剂通过上部的加药管加入,药剂分散盘高速旋转形成负压后吸入药剂,在圆盘的高速旋转和锯齿的切割作用下药剂(非极性油)分散成微细的油珠,然后与矿浆分散槽内的矿浆混合后由底部排料口排出。矿浆准备器具有处理能力高、能耗低、药耗低等优点;缺点是药剂乳化器检修不方便,矿浆分散槽排料段易堵塞。

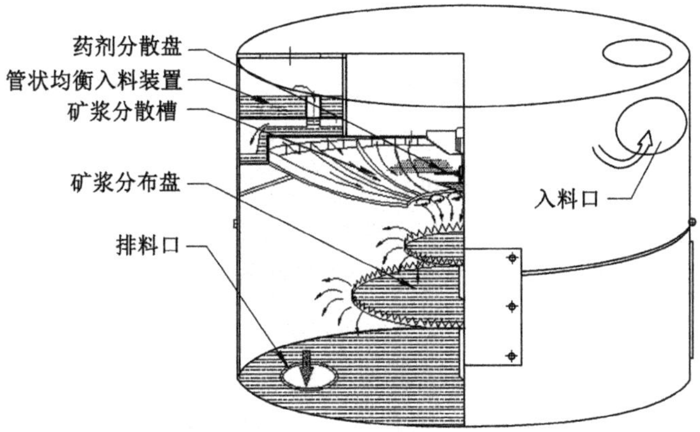

图 1-4 矿浆准备器结构示意图

1.2.2.3 *矿浆预处理器*

矿浆预处理器根据混合形式的不同可分为叶轮搅拌型、射流混合型、跌落混合型和降落混合型等[34]。如图 1-5 所示为叶轮搅拌混合形式的 XY 型矿浆预处理器。其工作时伞形叶轮上层叶片吸入空气和药剂,形成气溶胶,下层叶片流量较大,可从底部吸入新鲜矿浆并促进矿粒悬浮和循环,同时完

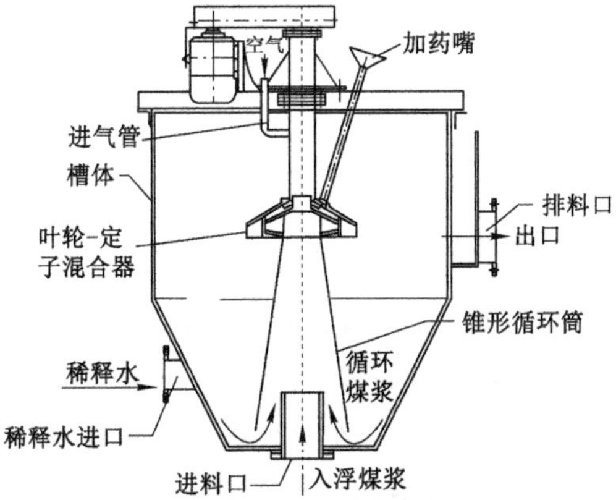

图 1-5 XY 型矿浆预处理器结构示意图

成预矿化。矿浆预处理器相比搅拌桶有着处理量大，药剂分散效果好、消耗少的优点，是浮选调浆最常用的设备之一。

1.2.2.4　*表面改质机*

表面改质机结构如图 1-6 所示，其工作原理为将浮选入料和药剂从煤浆入口一起给入，通过叶轮的高速剪切使药剂充分分散和乳化，同时使黏附在煤粒表面的细泥脱落，在连续的高速剪切和搅拌作用下促进药剂和煤之间的接触和吸附。该设备可适应可浮性较差或粒度较细的煤泥，改善煤泥的浮选速度、提高可燃物回收率、降低浮选药耗[35]。如某选煤厂使用 M-COL2100型表面改质机对易氧化的难浮煤泥进行处理后，与常规浮选相比，在浮选精煤灰分为 9.0%～9.5%时，精煤产率可以提高 10 个百分点以上[36]。表面改质机在选煤厂的实际应用表明该设备能显著提高浮选速率和精煤产率，降低药剂用量，在一定程度上解决可浮性差的细粒煤的浮选问题，但在生产中也存在体积较大、检修不方便、能耗较高等问题[37]；同时过强的剪切还容易造成煤泥的破碎，加重泥化现象，反而降低浮选效果，在一定程度上限制了该设备的推广和应用。

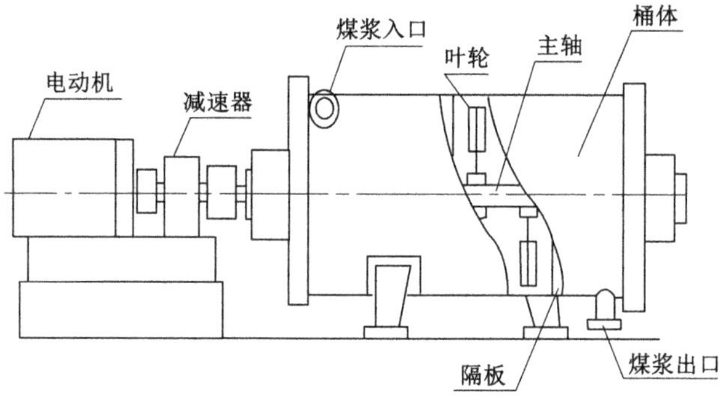

图 1-6　表面改质机结构示意图

中国矿业大学(北京)开发的表面改质调浆机——BGT 高剪切强制混合调浆机(如图 1-7 所示)具有多段调浆室，调浆室与调浆室之间通过固定在调浆桶壁面上的环形搅拌隔板和固定在搅拌轴上的剪切圆盘隔开，搅拌轴上设有多层搅拌叶轮，桶体内壁设有挡板。该设备与日本 M-COL 型表面改质机相比，极大地降低了能耗，目前已在国内多家选煤厂应用[20,29]。

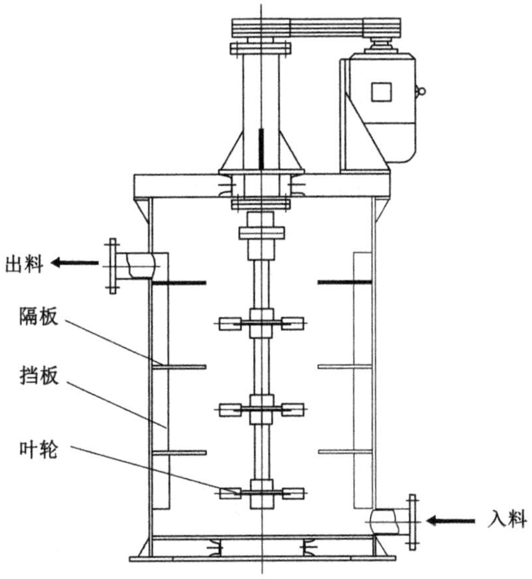

图 1-7　BGT 高剪切强制混合调浆机结构示意图

1.3　调浆流场特性研究现状

目前在生产过程中，对搅拌调浆的操作主要依靠经验，尚未形成完整的理论体系。工业生产中一般基于几何相似、单位体积功率消耗、雷诺数或叶轮端线速度等进行搅拌槽的设计或放大；但实践证明按上述原则设计优化的搅拌槽并非均处于最佳状态。随着选矿过程精细化和信息化程度的提高，对调浆过程中流体和颗粒的混合效果、运动状况及固液传质等提出了更高的要求：不仅需要明确调浆对浮选效果的影响，更需要清楚地知道调浆的机理及如何影响浮选效果，从而强化调浆过程。目前，对于搅拌槽内流场特性的研究的方法主要集中在数值模拟和试验测量两个方面。

1.3.1　搅拌桶内流场特性的数值模拟

随着计算机、流体力学和数理方法的发展，计算流体力学（computational fluid dynamics，CFD）得到快速发展，该方法因具有不受现实条件限制的优点，被应用于各项研究中进行生产指导。CFD 主要是通过计算机对流场各节点处的数值进行离散计算，再将所需的各种数据通过一定的方式展示出来[38]。CFD 最重要的应用是对流场进行模拟和分析，而对于搅拌槽流场的模拟，不受设备的大小、结构和操作参数的限制，可以模拟任意型式、尺寸和操作参数条件下的搅拌流场，分析不同结构和操作条件下搅拌设备的流动和混合特性、能量耗散和剪切率的分布情况，从而指导用户进行搅拌槽的优化设计。即 CFD 通过计算机应用各种离散化的数学方法，对流体力学问题进行数值模拟和分析研究，通过模拟获取实际过程中的各种参数，用来指导设计和生产。

当前常用两种方式模拟流体的流动行为。一种是自顶向下的宏观连续性模型：在流体连续性假设的前提下，先通过各种离散方法，如有限差分法、有限元法、有限体积法等处理流体微团的控制方程，随后用数值方法进行求解。另一种是自底向上的微观分子动力学模型，考察各流体分子的动力学行为，并利用统计平均得到流体的宏观性质，如速度、密度、温度等。因此在不同尺度下构建的流体流动模型存在较大的差异。此外，对于一个包含大量粒子的流动体系，若在微观尺度上模拟每个分子的演化过程势必需要耗费大量的计算资源和时间，因此介于宏观和微观尺度的介观动力学模型受到了众多学者的关注。介观模型的建立过程中没有引入连续性假设，并且模拟的时空尺度均大于微观分子尺度。介观动力学模型不仅可用于非连续流动体系，还能模拟大尺度体系的时空演变过程[39]。

用数值模型解析搅拌反应器内的流体流动一般着重于解决两个重要问题：旋转桨叶与系统静止域间的相互作用，以及湍流的模化。目前对搅拌槽中单相流流场的数值模拟研究比较成熟，数值模拟得到的流场信息能够与试验数据较好吻合。张国娟[40]应用 FLUENT 软件，对搅拌槽内单层和双层 CBY 桨叶的搅拌过程进行了数值模拟，模拟所得的混合时间与实验值吻合良好。周国忠[41]以不同浓度的 CMC 水溶液作为介质，对单层叶轮不同直径和双层叶轮不同间距时的流场进行了数值模拟，并与激光多普勒测速仪测量的实验结果进行比较，结果表明对单层桨低浓度 CMC 水溶液数值模拟计算结果与实验测试基本吻合，多层桨叶轮区速度计算结果与单层桨精度相比则有所降低。Yang 等[42]将分离涡模型与 SM 方法相结合表征搅拌槽内的瞬态混合状态，数值模拟预测的混合时间与测试得到的结果具有较好的一致性。Zamiri 等[43]利用尺度自适应模拟湍流模型获得了详细的流场信息和大尺度湍流结构，对叶轮后缘附近产生的尾涡三维特性进行了较好的预测，对雷诺应力的评估表明了槽内湍流具有较高的各向异性。Basavarajappa 等[44]在实验室浮选槽规模上，采用 ANSYS 软件对不同叶轮参数和雷诺数下的单相流程进行了 CFD 模拟，该模拟对比文献数据和内部 PIV 测量数据有着较好的准确度。这些结果表明采用合适的 CFD 方法对搅拌流场进行模拟，可得到较准确的模拟结果。

CFD 模拟模型的选择不同会导致结果产生差异。Singh 等[45]选用了包括 k-ε、SST、SSG-RSM 和 SAS-SST 模型对带 Rushton 涡轮的隔板搅拌槽湍流进行预测，结果显示湍流模型都能较好地预测平均轴向速度和切向速度，但对远离叶轮的平均径向速度的衰减预测不足；k-ε 模型对叶轮附近湍流的产生和消散预测较差；SST 模型能更好地预测湍动能与湍流耗散率的最大值；SAS-SST 模型对搅拌槽进行建模时存在一些缺陷；而从精度和求解时间两方面考虑，SSG-RSM 模型的模拟预测效果较差。但在有的研究中[46]，SSG-RSM 模型用于模拟湍流水射流进入容器的过程，在容器下部应用 SSG-RSM 模型时，湍流动能与测量值非常吻合，而在容器上部模拟效果较差；k-ε 模型对容器上部模拟效果较好而对下部模拟效果较差。Zhu 等[38]结合瞬态滑移网格方法和标准 k-ε 湍流模型能够准确、有效地模拟流体型式变化时的叶轮临界离底距离范围。针对不同过程和模拟条件，模型的选择对 CFD 的模拟过程有决定性的影响，因此对模型的选择在 CFD 方法中至关重要。

1.3.2 搅拌桶内多相流动研究

利用叶轮的旋转搅拌作用促使两种或几种不同的物质产生分散，从而实现物料均匀混合的单元操作称为搅拌混合。无论是在实验室研究还是在实际工业生产中，大多数搅拌混合操作均可以在搅拌桶(或其他形式的搅拌反应器)内完成。该过程采用机械搅拌的方法，通过选择不同类型的搅拌叶轮促使搅拌桶内产生特定的流场，使物料在桶内做复杂的拟周期性湍流流动，以达到物料充分混合的目的。由于结构简单，且操作难度小，搅拌桶成为物料搅拌混合的最常用设备之一。搅拌桶既可以作为一种单独的搅拌设备用于物料的均匀混合、分散、悬浮或乳化，如石油工业中常常采用搅拌来保证原油组分的均匀混合；同时，搅拌桶也可以作为辅助设备，辅助完成其他工艺过程，如结晶、传热、溶解与吸收反应等工艺过程均需要搅拌设备来辅助实现。除在化学、石油、催化、食品、水处理等领域被普遍应用外，搅拌混合操作在矿业领域也获得了广泛应用，如矿物混合、搅拌浸出、剪切絮凝、浮选调浆预处理等。由于搅拌混合过程涉及多相体系，且不同结构的叶轮和挡板会产生不同形式的循环流场，搅拌桶内流体流动十分复杂。在搅拌过程中，搅拌桶内流体的流动特征是控制搅拌系统内相间传质、传热和化学反应的重要因素，因而掌握搅拌桶内流场信息对优化搅拌桶结构参数、强化混合与传质过程具有重要意义。

1.3.2.1 搅拌桶结构

搅拌桶结构对多相流流场运动有重要的影响。搅拌装置中通常都会设置挡板或其他内部构件，以防止产生过强的旋涡，提高搅拌桶内的物料混合效果。当搅拌桶中无挡板时，高速搅拌下容易在流体中心产生旋涡，影响物料的混合；挡板存在时可以有效地破坏槽内旋涡的形成，有利于槽内能量耗散[47]。Hashimoto 等[48]通过研究发现挡板可以有效削弱流体的切向流动，将其转化为轴向流动和径向流动，强化流体混合效果。Xu 等[49]研究了表面涡旋对搅拌槽内悬浮颗粒沉降和扩散的影响，认为含挡板的搅拌槽内不同高度位置处的颗粒分布更加均匀，同时也消耗更多能量。Ammar 等[50]研究指出，挡板能够显著增强搅拌桶内的物料混合质量，但由于阻碍了流体流动导致能耗增加。一般研究都认为，搅拌槽中的挡板促进了自上而下的液体循环，有利于多相流体中将微粒迅速带回上方，减少微粒在搅拌机构底部的沉降。然而并非所有情况下的挡板结构都有利于固-液混合，Xiong 等[51]认为与无挡板搅拌槽相比，挡板搅拌槽内的流场不稳定性充满了整个搅拌槽，且挡板附近的不稳定性强于叶轮附近的不稳定性。因此对挡板结构的设计也是搅拌槽结构设计中重要的环节。

搅拌叶轮功率消耗是搅拌槽设计和操作过程中的一个重要参数。常见搅拌桨叶轮形式如图 1-8 所示。

搅拌槽中流体运动的直接动力来自搅拌叶轮，随着搅拌叶轮功率消耗增加，流体的运动速度和湍流程度提高。叶轮功耗一方面受搅拌介质本身的影响，对于单相和多相介质会呈现不同的功率消耗规律。Taghavi 等[52]对搅拌槽单相和气液相两种工况下的功率消耗进行了数值模拟和实验测量，发现与单相情况相比，两相情况下的电耗值降低。Bong 等[53]研究了搅

1—桨式；2—叶轮直叶式；3—叶轮斜叶式；4—叶轮弯叶式；5—圆盘叶轮直叶式；
6—圆盘叶轮弧叶式；7—推进式；8—框式；9—螺带式。

图 1-8 常见的搅拌桨叶轮形式

拌槽内固相浓度对叶轮功率消耗及固液传质系数的影响，发现随着固体浓度的增加，传质系数增大；随着固体浓度的增加，叶轮临界转速增大，从而导致颗粒周围湍流加剧。同时，搅拌槽结构对搅拌功率消耗也有影响，如挡板的存在可能导致能耗的增加，但 Youcef 等[54]通过优化挡板结构，在混合效果基本相当的情况下能使搅拌能耗降低 50%左右。影响搅拌过程能耗的另一个主要因素是搅拌机构，如叶轮的结构参数等。Mule 等[55]研究了分形叶轮结构对功率消耗、混合时间和流体型式等的影响，发现功率消耗随着叶片数量的增加而升高。Su 等[56]对标准 Rushton 叶轮进行改进后研究其搅拌槽内湍流流体动力学特性，结果表明在叶轮上下两侧各安装圆形盖板后叶轮功耗可降低约 18%，平均混合时间缩短 4.14%。Ameur[57]对 4 种不同形式叶轮的流场进行了数值模拟，比较了 4 种叶轮的功耗和功耗效率，结果表明通过叶轮结构优化可在降低功耗的条件下实现搅拌槽内的高效混合。因此，合理地选择和设计叶轮结构是提高搅拌效率、降低能耗的重要途径。

1.3.2.2 液滴分散与混合流动特性

液-液混合在相间传质和传热方面起着至关重要的作用。当不互溶的液-液两相发生混合时，其中的一相会以液滴的形式分散到另一相中，同时伴随着液滴破碎、聚并行为和相间相互作用。浮选调浆过程中捕收剂液滴分散正是这一过程的体现。通常情况下，搅拌可以显著改善液-液混合状况，改变分散相的液滴粒径和分散相与连续相的接触面积等。在搅拌桶内，液-液混合性能通常可以通过多种参数来评价，如最小搅拌转速、混合时间、循环时间、搅拌能耗、分散相液滴粒径分布、分散相液滴破碎和聚并等。液-液分散体系的研究可以依托试验方法和数值模拟方法实现。目前常用的研究离散相的方法有局部探针法、粒子成像法和高速摄像法等，但这些测试手段和测试设备也存在一定的局限性，无法获得离散相的宏观分布情况和分散过程。CFD 数值模拟方法能够得到离散相的局部和宏观分布情况，获得离散相的分散过程，但对于复杂多相分散体系的预测存在一定的局限性，模拟结果的准确性对所选取的计算模型依赖性较强。针对多相流中液滴的聚并、破碎已经有多种模型提出，但如破碎和聚并同时发生、临界破裂条件的确定等还难以准确模拟，同时也缺乏可靠的实验数据验证。

在无化学反应发生、两相组分完全不互溶的液-液体系中，主要考虑液滴聚并和破碎对液滴粒径的影响，液滴聚并和破碎造成了旧液滴消亡和新液滴形成。当前常用的 CFD 模型如种群平衡模型(population balance model/equitions，PBM/PBEs)描述了分散相不同特性的粒子的数量在对流、扩散作用下随时空变化的方程，并考虑了液滴之间复杂的相互作用，如成核、增长、聚并和破碎。Wang 等[58]选择 PBM 模型研究油水混合体系中分散相浓度对油滴分散的影响，同时利用聚焦光束反射法(FBRM)对搅拌桶内液滴的尺寸分布进行探测，发现 PBEs 模型对低分散相含量的液滴粒径预测较为准确，而对分散相含量较高的液滴尺寸分布预测过高。Srilatha 等[59]通过 PBM 结合图像法测试泵式混合反应器中液滴的分布，发现液滴尺寸分布与各区域的能量耗散率密切相关。Vonka 和 Soos[60]采用 PBM 方法对搅拌桶内液-液分散行为进行了研究，结果表明液滴破碎阻力随着液滴黏度的增大而增大。Schütz 等[61]对水力旋流器的分离进行模拟，在 PBM 模型的基础上开发了一个新的模型，该模型计算出旋流器不同出口处液滴的尺寸分布与试验数据一致。Roudsari 等[62]结合湍流和 PBM 的输运方程对湍流场油水两相分散过程进行求解，使用欧拉方法进行多相建模，采用离散方法求解种群平衡方程，模拟结果与实验结果吻合较好。Farzad 等[63]采用了欧拉-欧拉-拉格朗日混合模型对油滴分散模型进行了研究，获得了较好的结果。倪志南[64]对多相流模型、湍流模型和液滴破碎模型模拟液-液分散过程的准确性进行了验证，并获得不同桨型搅拌流场下的流场分布和分散相粒径分布。目前的大量研究均表明，油滴的分散特性可以总结为当搅拌强度和搅拌时间增加时，液滴粒径逐渐减小但存在某个极限值，液滴的分散也会更加均匀。当前结合 CFD 模拟的方法对液滴分散的搅拌体系模拟能够较为准确地反映和预测液滴行为。

1.3.2.3 固体颗粒悬浮和流动特性

对于搅拌槽中固-液两相混合过程的数值模拟研究已进行了大量的工作。搅拌槽内悬浮固体的流体动力学对搅拌槽的设计和混合性能具有至关重要的影响。Zheng 等[65]利用 CFD 中的欧拉模型，研究了搅拌反应器中含气液固三相条件下的临界悬浮速度、气含率、功耗等指标与搅拌器操作参数之间的关系，通过对比模拟和实验测试，结果表明两者具有较好的一致性。Yoon 等[66]通过 CFD 大涡模拟方法研究了不同雷诺数和分子扩散率条件下搅拌槽中的被动标量输送情况，发现在靠近大涡和叶轮轴中心的低速区域，混合以扩散为主，在高搅拌转速和雷诺数条件下，混合具有强对流的特性。Zamiri 等[43]对搅拌槽中的流场特性进行了数值模拟，搅拌槽中安装有一个 Rushton 叶轮，四周装有挡板，数值模拟很好地预测了叶轮后缘附近尾流区域中产生的涡流，清晰地捕捉到了槽体内流场轴向和切向的脉动，表明叶片通过频率是槽体内影响湍流脉动的主要原因。Pukkella 等[47]通过数值模拟研究了搅拌槽内挡板对固体颗粒悬浮的影响，表明通过对挡板进行设计和安装位置优化，可以在不增加能耗的情况下提高搅拌桶的混合效率。Micale 等[67]对搅拌槽内稠密固-液两相系统进行了研究，模拟得到的槽内固相颗粒悬浮高度与试验结果具有较好的一致性。Montante 等[68]运用试验测量和数值模拟的方法对配备有四组斜叶(45°)涡轮桨的搅拌槽内固体颗粒的分布特性进行研究，试验测得颗粒轴向浓度与数值模拟结果具有较好的一致性。

固体颗粒的性质对固-液两相流场有重要的影响。Tamburini 等[69]评估了曳力和湍流模型在预测搅拌槽中固相物料的悬浮颗粒百分比、沉积高度及颗粒分布特性中的适用性。Barrue 等[70]在稠密固液搅拌槽内建立欧拉双流体模型，通过与实验数据对比对该模型进行了验证，发现高浓度浆料的平均浓度增加，容器内两相流场的均匀性也随之增加。Blais 等[71]将一种亚网格黏度模型引入 DEM 模型的 CFD 模拟，弥补了 DEM 模型对于颗粒和亚颗粒尺度上缺乏黏性耗散的描述，很好地预测了悬浮颗粒从开始悬浮到完全悬浮状态的比例。固体颗粒的性质如粒度、形状以及浓度、质量、数量等均会对流场产生影响，在实际研究中，还需要考虑多种性质影响下的耦合效应对多相流场的影响。

1.3.3 搅拌槽内流场特性的测量

搅拌设备内进行的三维流动具有很大的随机性，因而其流动状态非常复杂。早期的测试仪器主要是毕托管[72]、纹影照相[73]、热膜(丝)风速仪[74]等，而现在的测试手段主要是相位多普勒测速(PDV)、激光多普勒测速(LDV)[75-76]和粒子成像测速(PIV)等[77-78]。通过先进的测试手段，可测出搅拌槽内不同位置的时均速度和脉动速度，然后通过理论计算可以获得搅拌槽内流体型式、速度、剪切率、能量耗散率的大小和分布等流体动力学特征参数。

流场速度测量是研究流场特性的基础，因此当前测试手段大多聚焦于对流场速度分布的测量和研究。激光多普勒测速(LDV)是一种光学测量方法，可以以非常高的时间分辨率确定流体的速度；LDV 的测量原理是基于 Mie 散射的物理效应[79]，因此必须加入能够跟随流动流体流动的粒子，使它们的运动能够很好地反映流体的运动。LDV 是一种非侵入式测量，流体不受探针的干扰；此外它是一种绝对测量技术，不需要校准。PDV 是在 LDV 基础上发展的测试技术，它的速度测量原理与 LDV 相同，测量速度是通过分析粒子穿过至少两束相交激光束的干涉体所散射的光的频移来确定的[80]。LDV 和 PDV 技术被广泛应用于多相流的流场测速及研究中。Guiraud 等[81]用 PDV 对轴流桨固液悬浮体系进行测量，其中固相体积浓度为 0.5%，他指出虽然固相很稀但是仍对连续相产生了影响，然而对径向速度和切向速度影响较小，从脉动速度方面进行比较颗粒总是大于连续相的。来永斌等[82-83]通过 PDV 手段对轴流桨搅拌槽固液流动特性进行测定研究，考察其离底间隙、桨型和偏心率对悬浮效果的影响，发现低离底间隙有助于颗粒悬浮，偏心搅拌不利于颗粒悬浮。Li 等[75]通过 LDV 测量研究了后倾式叶轮搅拌槽放大过程中宏观流场特性参数的变化，结果表明实验室规模的搅拌槽宏观混合性能参数随搅拌槽容积的变化不明显，叶轮排出流准数、二次循环流准数和泵送效率则随着搅拌槽容积的增加略有减小，而功率准数与搅拌槽体积关系不大。Eng等[84]利用LDV对槽内18个点进行测量，研究固体颗粒的添加对PBT叶轮搅拌槽内宏观不稳定性的影响，认为宏观不稳定性受固体颗粒浓度的影响。Komrakova等[85]设计了一种装有5个Rushton叶轮的CIST搅拌器，通过LDV实验得出的数据建立了可以描述不同区域流动行为的区域流动模型。然而，LDV方法所使用的实验容器必须为透明的光学容器，并且使用的实验流体也需要一定的透明度，因此具有一定的局限性。Virdung等[76]采用安装标准PBT叶轮的搅拌器，利用LDV实验研究了固体颗粒尺寸对液相速度的影响，发现颗粒尺寸增大，液相轴向速度减小，均方根速度增大。Geisler等[86]在全挡板条件下，用LDV测定了安装船用螺旋桨的搅拌罐内固液悬浮过程中连续相的速度分布，发现固体颗粒的存在会影响流体的运动，在搅拌罐的上部粒子会削弱连续相的速度，并且除了在挡板等某些区域，其他区域流体的湍流因固体颗粒的加入而削弱。

PIV方法是当前研究流场特性中广泛使用的方法之一，该测试方法通过高速摄像和图像追踪技术，根据流场中某时间点的实际图像序列进行速度测算，测量结果准确，时间精度高。Montante等[87]对无挡板时搅拌槽的流场进行了PIV测试和数值模拟后，认为PIV测试可提供较准确的时均速度测量结果，数值模拟提供的则是瞬时的三维流场整体的信息，通过选择合适的计算方法，数值模拟可以获得和流场测试相吻合的结果。吴莹[88]通过PIV测量了标准搅拌槽内Rushton叶轮产生的流场，分析了叶轮附近速度、脉动速度和湍流动能的分布，同时研究了3种不同桨叶直径的Rushton叶轮对流场速度、湍流动能、径向射流偏角等的影响，其研究表明叶轮直径对桨叶附近的湍流动能影响不大，射流偏角随桨叶直径的增加略有增加，同时在雷诺数相同时，大直径叶轮产生的排液量较高，但剪切率较低，而小直径叶轮产生的排液量较低，但剪切率较高。樊建华等[78]使用PIV对涡轮桨搅拌槽内的流场特性进行了测量，结果表明分布在叶轮区的湍动能较高，而在主体区的湍动能较小，且在高度方向上呈非对称分布。薛亚运等[89]对改进INTER-MIC桨搅拌槽内的流场进行了PIV测试，认为槽内挡板增加了流体运动的湍动效应，同时打乱了流体内部的有序流动，桨叶前端的涡流也明显减弱。Sharp等[90]利用PIV测试技术获得了Rushton搅拌槽内的瞬时流场方位角涡量和雷诺应力，测量结果能够表征叶端涡量的增长和运动，并对不同湍流黏性耗散的计算方法进行了评价。Liu 等[91]利用时间解析 PIV 方法和传统的 PIV 方法研究了深吸式叶片涡轮桨搅拌槽内的湍流结构。Gabriele 等[77]针对向上泵送和向下泵送的 45° PBT 搅拌槽进行了 PIV 实验研究，分析了颗粒浓度对液相平均速度、湍流动能和能量耗散的影响，发现颗粒浓度对连续相的平均速度影响不大，湍流动能和能量耗散都会随颗粒浓度的增加而降低。Fan 等[92]采用 PIV 技术在标准六叶 Rushton 叶轮搅拌器中，对纤维颗粒在湍流固液两相流场中的流动特性进行了实验研究，发现随着叶轮速度的增加，径向和轴向速度也相应增加，并且讨论了纤维颗粒与球形颗粒对流场的影响，结果发现二者速度相差不大。

当前的研究中，常使用测试手段与 CFD 方法结合的方式进行流场特性的研究，以测试手段辅助计算机模拟以获得更真实和全面的流场信息和预测结果。Ng 等[93]通过激光多普勒测速仪研究了单层 Rushton 叶轮搅拌槽内的流场，并与采用滑移网格方法计算的数值模拟数据进行了对比，研究结果表明该 CFD 模型方法能较好地预测平均流场速度和整个搅拌槽的湍流动能分布，能定量计算搅拌槽体相区的湍流动能，但叶轮区域的湍流动能测量结果与 CFD 计算结果存在一定区别。Zadghaffari 等[94]通过数值模拟和 PIV 测试相结合的方法，数值模拟采用滑移网格方法和 LES 湍流模型，数值模拟结果用 PIV 测量数值进行验证，试验表明数值模拟结果和测量数据吻合较好。Ranade 等[95]利用 PIV 和 CFD 模拟方法对 Rushston 涡轮桨的尾涡进行了研究，对比结果表明 CFD 模型能够很好地预测叶轮附近的流场。Escudié 等[96]利用 PIV 技术对搅拌槽内尾涡特性进行研究，这种方法可以辨别和定位尾涡，预测涡旋的轨迹来展现由叶轮引起的相位平均速度场，研究表明尾涡随着涡旋的尺度和速度环量变化而变化。当前的科学研究通过高精度试验、流场理论和模拟仿真手段的结合，能够很好地为理解流场运动规律提供科学依据，从而在工程上实现更好的搅拌槽结构设计。

1.4 浮选调浆过程强化

1.4.1 能量输入强化浮选调浆过程

在调浆过程中，颗粒的悬浮、捕收剂液滴的分散、捕收剂在颗粒表面的黏附和吸附、絮团的产生等过程均存在一定的能垒，因此在调浆过程中需要一定的能量输入。一般研究认为，浮选调浆过程的能量输入存在一个合适的范围：能量输入过低，颗粒无法完全悬浮，药剂的分散和吸附作用较弱；能量输入过高，将导致药剂脱附和解吸，从而对后续浮选环节产生不利影响。

冯博等[97]对金川硫化铜镍矿进行强搅拌调浆，发现强搅拌调浆能够提高硫化铜镍矿的浮选指标，且调浆过程中浮选指标随着能量输入的增加而提高。杨帆等[98]通过研究能量输入对捕收剂吸附率、浮选回收率等指标的影响，发现随着能量输入的增加，指标呈现增长趋势。卢军等[99]也发现，浮选精煤可燃体回收率和灰分均随叶轮搅拌转速、搅拌时间和煤油用量的增加先增大后减小。可见，合适的能量输入有利于提高浮选效率。Changunda等[100]通过振荡浮选机的能量输入试验得出，浮选速率与能量输入呈明显的线性关系。有学者指出，能量输入对浮选效果的影响侧向于功率大小和时间长短：在时间一定时，浮选回收率随着能量输入的增加而增加，但搅拌时间较短时，能量输入对回收率的影响会减弱；在功率一定时，回收率会随着能量输入时间的增加而增加，但产品品位也会降低；能量强度和能量输入时间二者相结合共同作用才能达到提高回收率的目的[101]。桂夏辉等[102]认为浮选中能量输入对浮选有着至关重要的影响，在浮选过程中各个阶段所需要的能量各不相同，可以在浮选的前期输入较小的能量，在浮选的后期提高能量输入，从而达到提高精煤回收率的目的。因此，优化能量输入对提高调浆效果，降低能耗具有重要意义。

输入的能量会直接作用于矿浆流体环境，从而改变矿浆和其中颗粒的运动。龙涛等[103]采用测量矿浆流变性的方法研究了搅拌调浆过程中能量输入对微细粒白钨矿浮选矿浆流变特性的影响，结果表明调浆搅拌能量输入不同时，微细粒白钨矿、方解石和石英矿浆悬浮液的流变特性和屈服应力不同，通过对调浆能量输入的调控，可以改变矿浆中白钨矿、方解石和石英的疏水絮团结构。李振等[104]在研究中提出调浆槽内搅拌时产生的流体循环和流体剪切强度应该匹配，才能实现高效调浆，搅拌槽内流场和搅拌能量的优化仍需进一步研究。杨露[105]研究了采用轴向型、径向型和复合型叶轮时，搅拌槽内湍流场的能量耗散分布及其对调浆过程的影响，表明搅拌槽中流体湍流强度和湍流涡耗散的均衡适配是强化调浆过程的关键。曾克文[106]利用 PDA 对浮选槽内的矿浆速度进行测定，通过计算得出混合区域的脉动频率更低，更加适于能量的传递，更容易促进矿物颗粒分离的结论。通过外界能量的输入，能够增加流场体系当中的能量，从而引起流体的湍流运动，适宜的调浆强度可以创造合适的调浆环境，从而促进捕收剂在煤粒表面的有效吸附，提高回收率。

1.4.2 设备结构优化强化浮选调浆过程

目前用于矿物调浆的设备包括机械搅拌式调浆设备、射流剪切调浆设备和静态混合设备，以机械搅拌式为主，但调浆搅拌方式在不断丰富和发展，如多级调浆和多轴调浆等[25]。传统的叶轮搅拌式调浆常应用在搅拌桶、矿浆预处理器及机械搅拌浮选机中。叶轮参数包括叶片开孔率、中心轴开孔率、叶片旋角、叶片转速、副叶片数量等，这些参数会直接影响矿浆流速、循环量及矿粒的悬浮分散。

李星明[26]研究了叶轮形状参数对调浆过程的影响，结果表明单层的标准六叶直叶片式叶轮和双层六斜叶开启涡轮式叶轮均会存在矿浆颗粒沉降和矿浆体积分数分布不均的情况，而使用标准三叶推进式叶轮和双层标准六叶直叶片式叶轮时矿浆分布均匀、搅拌混合效果较好。Sbrizzai 等[107]系统地研究了搅拌桶中的挡板对调浆效果的影响规律，研究结果表明挡板可以显著地改变搅拌桶中的流体运动状态，更有利于颗粒维持悬浮状态，进而促进药剂在颗粒表面的吸附。马力强等[14,28-29]对煤泥调浆技术与设备的研究现状及进展进行了评述，分析了现有煤泥调浆设备存在的主要问题，从药剂与煤颗粒的有效碰撞、搅拌叶轮结构对流场特性的影响、煤质特性与调浆强度的匹配等方面提出了今后煤泥调浆的研究方向。李振等[108]研究了机械搅拌槽内微细粒矿物在轴向型与径向型流场中不同的分散悬浮效果，结果表明径向型流场相比于轴向型流场对微细粒在两相体系中的均匀悬浮有着更大的作用范围，进而促进了微细粒的均匀分散悬浮。桂夏辉等[109]设计了一种折叶开启式涡轮的两段强制搅拌装置，通过在搅拌槽内设置上、下双叶轮，加大调浆系统内的能量输入，提高煤泥与药剂的混合效率，改善浮选效果。Kumar 等[110]使用斜桨涡轮叶轮对铜和镍进行了选择性浮选，发现当叶轮直径提高后，精矿的回收率也随之提高，证明了叶轮尺寸对矿浆水动力学及浮选过程有直接影响。Shen 等[111]研制了一种叶轮板为双曲线的新型叶轮，与典型叶轮相比，该弧形叶轮膨胀并提升了低循环流量，从而缩短了矿物颗粒的输送距离。苗一等[112]探究了不同搅拌桨类型对液体混合的影响,得出的结论是多层轴流式桨要比多层径向流桨的混合效率高,并且在桨间距相同的情况下,桨叶层数越多混合效率越高。孙伟等[113]设计了一种高能叶轮对微细粒闪锌矿进行高强度调浆,在固定输入总能量相同的情况下高能量输入叶轮比低能量输入叶轮获得的微细粒团聚体尺寸更大。陈强等[114]通过对不同结构导流桶调浆搅拌槽进行数值模拟,发现导流桶能够影响调浆过程中矿浆的流动,不同的导流槽具有不同的矿浆循环量、混合时间等。浮选调浆过程要针对不同的物料特点,设计搅拌容器和叶轮的结构,从而优化混合过程,降低能耗。

近年来,有学者从调浆方式上设计了新型调浆设备,如射流调浆、撞击流调浆等。Yan 等[115]报道了一种无叶轮浮选调浆装置,该装置由上下两个旋转方向相反的射流使矿浆强烈混合并产生高强度湍流,创造了合适的两相均匀混合流动条件,能在装置中实现固体颗粒的均匀分布;同时双向流能清洁固体颗粒表面杂质。冯岸岸等[116]设计了一种集射流混合、搅拌混合和管道混合于一体的组合式煤泥调浆装置,强化了药剂的乳化分散以及与颗粒的碰撞吸附效果。王海楠等[117]报道了一种冲击流强化浮选调浆过程的装置,该装置利用高速冲击流形成强紊流混合区,产生局部强剪切,增大颗粒、药剂间的速度梯度差异,强化药剂在颗粒表面的碰撞吸附。韩有理等[118]报道了一种射流-搅拌耦合式浮选装置,该装置将矿浆流通过射流喷嘴喷入单独的入料槽中形成螺旋流,再经过搅拌槽叶轮搅拌区,可迅速完成混合、气泡矿化过程;叶轮搅拌区有较大的流体应变速率,矿浆流速受入料压力影响,高压力下的高速矿浆流能有效清洁矿物表面,提高浮选指标。杨涵曦[30]以一种水力对旋射流设备作为调浆设备,通过 PIV 和数值模拟相结合的方法研究了该设备的流场和液-固混合特性,并与传统机械搅拌式调浆槽的调浆效果进行了对比,结果表明在有效输入功率相同的情况下,该设备对石英的改性效果优于机械搅拌槽,使改性后的石英表面接触角显著增加;但流体剪切率过大时,会导致捕收剂从颗粒表面脱附,降低改性效果。当前新型调浆设备的设计以强化物料的分散、混合以及强化高速湍流场为主,相比传统的搅拌槽,调浆时间短、效率高,但对物料的适应性及工业应用效果有待进一步验证。

1.5 微细粒浮选改善方法

1.5.1 微细粒调浆存在的问题分析

微细粒资源的分选一直以来都是选矿工作者关注的研究课题，也是矿物分选过程中的难题。针对我国矿产资源的基本特征和微细粒选矿过程中存在的问题，提高微细粒的选矿效率意义重大。当前选矿厂及选煤厂微细粒分选过程中存在的问题主要有以下几个：

(1) 细颗粒固有性质的问题。由于细粒级物料同时具有较低的密度和较高的比表面积，颗粒从外界获得的动量较小，且与药剂、气泡间碰撞、黏附概率较低，同时细粒矿物颗粒比表面积较大、表面能高，在一定程度上造成脉石颗粒与目的矿物颗粒之间的非选择性团聚，药剂不能在目的矿物颗粒表面实现有效吸附，增大了浮选药剂消耗，导致了微细粒矿物浮选速率低、浮选效率及选择性较差等难以解决的问题。因此，增大浮选过程中颗粒与药剂间的界面作用，创造良好的矿化行为是实现细粒矿物高效回收的前提条件。微细颗粒具有粒度细、质量小的基本特征，与粗颗粒调浆不同的是，微细粒调浆过程中容易随着流体一起运动，形成相对固定的运动轨迹。目前选矿工业上微细粒矿物调浆设备以搅拌桶为主，搅拌方式主要为单层四斜叶桨的搅拌方式，部分选矿厂采用双层叶轮搅拌，随着设备的大型化，搅拌桶内流体整体运动速度逐渐提高，而微细粒与流体的相对速度却逐渐减小。同时设备大型化以后，搅拌槽中的最大剪切率提高，而平均剪切率迅速降低，导致大型搅拌槽中除叶轮附近以外，其余大部分区域的剪切率比小型搅拌槽中的剪切率更低，因此，大型搅拌槽虽然按搅拌槽有效容积计算的调浆时间充足，但实际调浆效果达不到设计要求，使微细粒矿物在浮选过程中出现粗选浮选效果差而扫选回收率偏高的药剂滞后问题。

(2) 分选设备和工艺问题。目前国内选矿厂主要的分选设备为浮选机，由于设备本身的特点，使浮选机对于细粒级尤其是$-10\ \mu m$细粒级的回收率偏低。

(3) 分选工艺问题。为了强化微细粒的回收，部分选矿厂采用浮选柱分选，但目前大部分的柱式分选设备均用于精选作业，虽然可以在一定程度上强化精选段微细粒的回收，但粗选作业尾矿中微细粒的损失没有解决，而粗选作业才是强化微细粒分选和回收的关键，因此，合理设计分选工艺将有利于提高微细粒的回收效果。为了延长调浆时间，或方便分段加药，部分选矿厂采用了搅拌槽串联的调浆方式，在一定程度上改善了矿浆的调浆效果，但这种串联方式下调浆，在两个搅拌槽的结构和操作参数相同的情况下，它们之间的流体环境也基本相同，因此对于微细粒的调浆效果提高的幅度有限，且过长的搅拌时间可能造成部分矿物的进一步泥化，恶化调浆效果。

为了强化微细粒的回收，国内外研究人员已经进行了一系列的研究，包括采用新的细粒浮选药剂、浮选设备和调浆方法。在浮选药剂和浮选设备方面，目前已取得了一些研究进展，研制出了一批新型的细粒浮选药剂和浮选设备，尤其是柱式分选设备在微细粒分选上取得了较好的效果。但对作为分选作业准备环节的调浆作业目前的重视远远不够，针对微细粒的调浆方法如选择性絮凝、疏水剪切絮凝等大都处于实验室研究阶段，尚未形成专门的调浆设备。鉴于目前的调浆设备和调浆方式对微细粒的调浆未取得令人满意的效果，要实现微细粒的高效调浆，就需要根据微细粒的基本性质，构建强剪切的流体环境，提高颗粒与流体之间的速度差，来促进微细粒在调浆过程中的高效矿化。

1.5.2. 微细粒浮选效果改善方法

针对微细粒难以分选和回收的问题，选矿工作者进行了许多的研究，以改善其分选效果。这些方法主要有载体浮选、选择性絮凝、剪切絮凝和柱浮选等，其主要目的是增大颗粒表观粒径，改善颗粒表面性质，或改变运载介质的品种和分散程度，如采用空化气泡、油泡和微泡浮选等，来提高分选效果。

1.5.2.1 载体浮选

载体浮选是指在矿浆中加入疏水性较好的粗颗粒作为载体，使其背负细颗粒矿物，然后从常规浮选方法回收载体和细颗粒的聚集体，因此载体浮选又称为背负浮选。Valderrama 等[119]对细粒金进行了高强度调浆后的载体浮选，通过对调浆过程中单位体积功率输入对于浮选的影响进行系统的研究，得出经过高强度调浆后，金精矿回收率增加 24%，品位提高 50%，浮选速度提高 3～4 倍，并指出单位体积功耗在 0.5～2.0 $kW \cdot h/m^3$ 时属于低剪切强度范畴，细粒金黏附在粗颗粒上，当单位体积功耗在 2.0～3.0 kW·h/m^3 时细粒金从粗颗粒上脱落，在 3.0～4.0 kW·h/m^3 时细粒金会聚团形成自生载体，而超过 4.0 kW·h/m^3 时，在强剪切的作用下形成的聚团又会分散开。Bilal 等[120]同样在黄铁矿浮选中应用了自载体原理，载体颗粒的加入使超细颗粒在泡沫中的回收率从无载体时的 25%左右提高到 80%左右；他们认为黄铁矿之间的疏水相互作用在载体附着上起到了主要作用。Tabosa 等[121]对某硫化铜矿的浮选进行了载体浮选试验研究，通过采用高强度调浆和部分粗精矿再循环的载体浮选方式，使精矿浮选速率翻倍，同时铜回收率增加了 17%，品位提高了 3.6%。Koca 等[122]以方解石作为载体通过浮选从高岭土中分离明矾石，从 SO_3 含量为 8.03%的高岭土中得到 SO_3 含量为 1.03%、高岭石回收率为 57.95%的分选指标。朱阳戈等[123]进行了 0～20 μm 微细粒钛铁矿自载体浮选试验研究，结果表明与单独浮选相比，加入 20～100 μm 粒级的载体浮选时 0～20 μm 微细粒的回收率提高了 9.4 个百分点。Chen 等[124]采用疏水玻璃珠作为细粒钛铁矿浮选载体，他们通过 XDLVO 理论发现酸碱相互作用力决定了载体和矿粒的黏附效果，而矿物和载体的表面自由能和 Zeta 电位是影响酸碱相互作用力的主要因素。

1.5.2.2 选择性絮凝

选择性絮凝是指向矿浆中加入高分子絮凝剂，通过剪切调浆，使目的矿物发生絮凝，而其他组分仍处于分散状态，然后通过浮选或重选使絮凝的微细粒矿物与处于分散状态的其他矿物分离。Akdemir 等[125]从铬铁矿和蛇纹石的混合物中选择性絮凝铬铁矿，采用油酸钠作为絮凝剂，从含 Cr_2O_3 29.4%的混合物中获得了 Cr_2O_3 含量为 44.6%、回收率为 81.0%的分选指标。Wang 等[126]利用聚丙烯酰胺作为絮凝剂对一水硬铝石型铝土矿进行选择性絮凝，从 Al/Si 为 5.7 的原矿中获得了 Al/Si 为 8.9、Al_2O_3 回收率为 87.0%的分选指标。Weissenborn 等[127]对利用淀粉作为絮凝剂从高岭石中絮凝极细粒赤铁矿的机理进行了研究，结果表明淀粉优先在赤铁矿表面发生吸附是由于赤铁矿表面比高岭石表面有更多的氢氧化铁吸附位点，通过选择性絮凝效果与药剂吸附效果的对比发现选择性絮凝的发生主要是通过架桥机理。因此，选择性絮凝时，对絮凝剂的选择性和矿浆溶液环境要求较高。而且选择性絮凝有一个主要的缺点是容易发生非目的矿物的夹带，造成聚团选择性不高。也有学者利用选择性絮凝对矿浆环境的依赖性进行药剂和工艺设计。Peng 等[128]报道了一种新型 pH 值响应型絮凝剂在细粒辉钼矿、黄铜矿和石英选择性絮凝及絮凝浮选中的应用，当矿浆溶液环境的 pH 值调节到 6 时，絮凝剂发生脱质子效应和电负性增强效应，使得到的浮选絮凝体自动解离成小粒径颗粒，有利于辉钼矿和黄铜矿在混合精矿中进一步浮选分离。Zou 等[129]研究了黏土矿物和煤的选择性絮凝机理，在矿浆中首先添加六偏磷酸钠作为分散剂后，六偏磷酸钠会在硅、铝黏土矿物的表面形成刚性吸附层，从而抑制絮凝剂的进一步吸附，而絮凝剂能大量吸附在经分散剂处理后的沥青质表面，表明了絮凝剂对黏土矿和煤的选择性。

1.5.2.3 剪切絮凝

剪切絮凝最早是由 Warren 在研究微细粒白钨矿在油酸钠溶液中的絮凝现象时提出的[6]，其基本思想是向矿浆中加入捕收剂后在高强度搅拌下调浆，使疏水化的细颗粒之间相互碰撞形成紧密的聚团，然后通过浮选或沉降分离。相比其他方法，剪切絮凝具有以下优点：① 形成的聚团相当稳定，聚团选择性较高；② 即使颗粒表面电位较高也可以发生剪切絮凝；③ 表面活性剂用量不需要过高；④ 对矿浆溶液环境没有过高要求，pH 值调整剂、抑制剂正常用量即可；⑤ 絮凝后的微细粒浮选速率显著提高，在保证精矿品位的情况下提高浮选回收率。

对于剪切絮凝，国内外选矿工作者进行了许多的研究。许多研究报道了剪切絮凝的方法可以提高浮选回收率。孙伟等[113]研究了高强度调浆对于细粒闪锌矿聚团和浮选的影响，并指出当搅拌转速从 700 r/min 提高到 2 500 r/min时，闪锌矿聚团尺寸逐渐下降但浮选的回收率逐渐增加，转速继续增加，回收率略有下降。Song 等[130]对金红石与角闪石（$-20\ \mu m$）采用疏水聚团浮选工艺，与常规浮选相比，可使 TiO_2 品位提高 45.1%，浮选精矿的回收率提高 43.9%。剪切絮凝过程中的影响因素和对浮选过程的影响机理也是许多学者关注的重点。Engel 等[131]通过镍矿粗选的高剪切调浆试验指出，经高强度调浆后，精矿镍品位和回收率都有很大的提高；并通过对调浆过程中搅拌叶轮的直径、转速和单位体积矿浆的输入功率对浮选的影响进行系统的研究后指出，浮选指标的提高不仅跟调浆过程中单位体积矿浆的输入功率有关，还跟剪切强度有关，剪切强度提高有利于提高细粒矿物的浮选效果，而采用小直径、高转速的叶轮比大直径、低转速的叶轮更有利于实现强剪切。Chen 等[132-133]进行了剪切调浆浮选试验，以全粒级的镍黄铁矿作为研究对象，经过高剪切调浆后，－75～8 μm 粒级镍黄铁矿物的浮选速率提高，同时回收率增加明显；用旋流器脱除－8 μm 的细泥后再进行浮选试验，对于－75～8 μm 粒级镍黄铁矿有着与高剪切调浆类似的浮选效果，由于对颗粒表面的清洗和脱泥作用，剪切调浆使浮选效果得到提高。他们通过机理研究分析指出：细泥罩盖没有选择性，在高剪切调浆之前，细泥罩盖在粗粒的镍黄铁矿和脉石表面，高剪切调浆脱除了粗粒表面的细泥，脱除的细泥量取决于高剪切调浆时的叶轮转速和调浆时间。Yang 等[134]在铁矿的尾矿的两步絮凝法的研究中提出，初级破碎阶段的剪切速率是影响絮凝屈服应力和塑性黏度的最大因素；剪切速率从 100 s^{-1}增加到 400 s^{-1}时，絮凝浆体的屈服应力和塑性黏度分别提高了 7.14%和 21.30%，但当剪切速率从 400 s^{-1}增加到 800 s^{-1}时，两者又分别下降了 23.27%和 33.17%。一般认为，随着剪切强度的增加，絮团尺寸也会增加直到达到平衡；在高剪切条件下，平衡絮团又会随剪切强度增加而进一步减小。

1.5.2.4　微细粒浮选设备

微细粒浮选常使用浮选柱作为浮选设备。浮选柱相比传统的浮选机，矿浆的流场环境更温和，能减少湍流引起的水流夹带现象；浮选柱的高柱体结构使得其有较长的气泡捕集区，强化了气泡和微细粒间的碰撞概率；充气装置能够生成大量微泡，也进一步强化了气泡捕收效果。在微细粒煤炭浮选中，现有的实验室试验和工业试验都证明浮选柱的精煤产率和灰分均能取得较好的指标。

由中国矿业大学研制的旋流-静态微泡浮选柱作为一种新型的柱式分选设备，已在煤炭工业成功应用并大规模推广，在金属矿、非金属氧化矿等矿物分选中也已崭露头角，显示出其在微细颗粒分选中的优势[135-137]。该设备由于采用了旋流分选，使得浮选粒度下限降低，浮选速度提高，极大地强化了微细粒的回收。在硫铁矿、金矿和钨矿等工业实践上的应用表明，通过粗选作业段柱式分选设备的强化，微细粒的分选效果可以获得明显改善。基于旋流-静态微泡浮选柱开发的柱式短流程分选工艺能以简洁的工艺流程实现微细粒矿物的高效分选和回收。但由于工艺流程短，必须确保每个作业单元和浮选设备的高效运行。搅拌调浆作为浮选环节的准备作业，对于旋流-静态微泡浮选柱浮选过程中浮选速率、回收率和分选的选择性至关重要。微细粒的高效调浆是柱式短流程分选工艺实现高效分选和回收的前提。

另一种常用的微细粒浮选柱为 Jameson cell，被广泛用于细粒和超细粒的矿物及煤炭回收作业中[138]。Jameson cell 工作过程中，煤浆以高速给入垂直降水管顶部，由于高速射流产生的低压将空气吸入；同时由于高剪切作用，空气被带入降水管并被剪切成小气泡。在高紊流中，气浆混合物沿着降水槽向下流动，颗粒与气泡发生碰撞并附着在气泡上；附着的颗粒由气泡携带进入分离室；气泡上升到顶部形成一个泡沫区，使尾矿从池的底部流出。同时泡沫层上方有喷淋水进行冲洗。Jameson cell 的浮选指标受喷嘴类型、喷嘴在矿浆面以上的高度、降水管直径和降水管的浸没深度影响较大。

2 调浆对浮选及其动力学的影响

调浆作为浮选前的一个预处理环节，对浮选效果有重要的影响，本章选取了两种煤泥和微细粒铝土矿为研究对象，研究调浆对浮选效果的影响。

2.1 调浆对煤泥浮选及其动力学的影响

2.1.1 原煤性质

煤样取自徐州大屯地区，属于焦煤，将煤样破碎至 3 mm 以下后，进行 0.5 mm 筛分，取 3.0～0.5 mm 粒级进行浮沉试验，分成 $-1.3\ g/cm^3$、$1.3\sim1.4\ g/cm^3$、$1.4\sim1.5\ g/cm^3$、$1.5\sim1.6\ g/cm^3$、$1.6\sim1.8\ g/cm^3$ 和 $+1.8\ g/cm^3$ 六个密度级。各个密度级的产率和灰分如表 2-1 所列。

表 2-1 原煤 3.0～0.5 mm 粒级浮沉试验结果

密度级/(g/cm^3)	产率/%	灰分/%
−1.3	29.30	1.90
1.3～1.4	31.85	4.74
1.4～1.5	2.55	14.61
1.5～1.6	1.90	22.23
1.6～1.8	0.64	35.47
+1.8	33.76	88.07
合计	100.00	32.82

将浮沉试验后各个密度级的产品自然晾干后在瓷球磨中干磨，再进行

干法筛分，分别得到 0.5～0.25 mm、0.25～0.074 mm 和 −0.074 mm 三个粒级的产品。将 1.4～1.5 g/cm^3、1.5～1.6 g/cm^3 和 1.6～1.8 g/cm^3 三个密度级的产品合并成 1.4～1.8 g/cm^3 进行磨矿，作为中间密度级物料。

2.1.2 试验装置和仪器

2.1.2.1 搅拌调浆装置

试验所用搅拌调浆装置如图 2-1 所示。

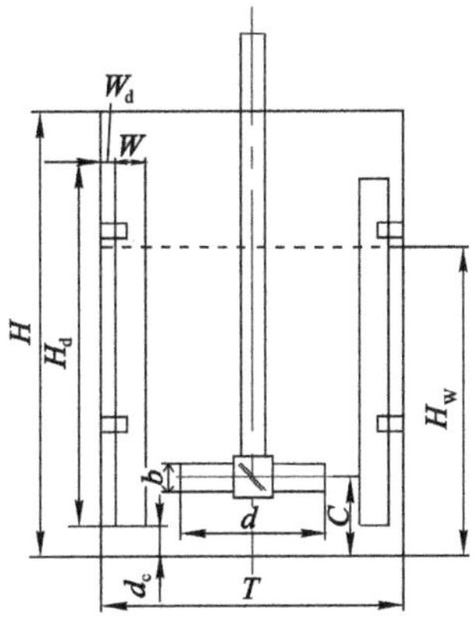

(a) 结构示意图

(b) 实物图

图 2-1 搅拌调浆装置

(1) 搅拌桶

搅拌桶直径 95 mm，高度 130 mm，有效容积 0.75 L，搅拌桶上方加盖环形盖板，以避免搅拌过程中空气进入矿浆，影响调浆效果。

(2) 搅拌叶轮

试验使用实验室标准四直叶涡流。

(3) 挡板

搅拌槽内均匀布置 4 块挡板，挡板宽度 $W=0.1,T=9.5$ mm，高度 $H_d=100$ mm，离底距离 $d_c=10$ mm，离搅拌桶内壁间距 $W_d=4.5$ mm。挡板可自由拆卸。

(4) 搅拌电机

搅拌电机功率 1.5 kW，转速 0～3 000 r/min。

(5) 变频器

变频器用于搅拌叶轮转速和转向的调节,其参数为:型号,JX-4T055G;功率,5.5 kW;输入,380 V,50/60 Hz;输出,0～400 Hz,13 A。

2.1.2.2 浮选装置

浮选过程中,为了避免浮选机叶轮的二次搅拌作用,浮选试验采用一台自制的尺寸为 ϕ50 mm×600 mm 的外部充气式浮选柱,浮选柱有效容积 550 mL,如图 2-2 所示。

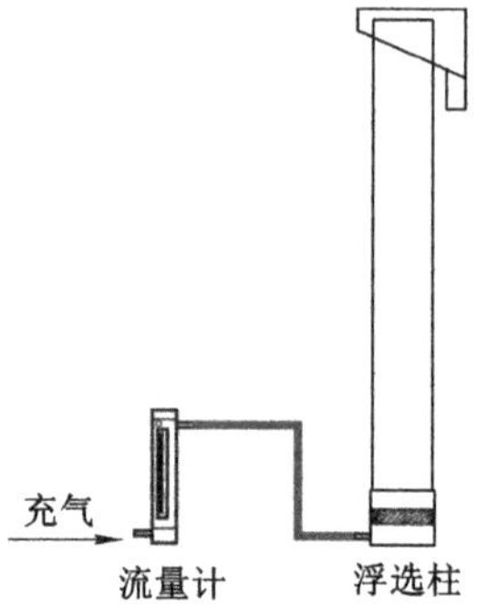

图 2-2 浮选装置示意图

2.1.2.3 其他设备

充气泵、气体流量计、秒表、量筒和天平等。

2.1.3 试验药剂

试验过程中,采用煤油作为捕收剂、仲辛醇(化学纯,国药集团化学试剂有限公司)作为起泡剂。

2.1.4 试验方法

2.1.4.1 搅拌调浆

试验过程中,每次称取 40.0 g 样品,量取 550 mL 去离子水加入搅拌桶中。调节叶轮转速至设定值,预先搅拌 1 min,待煤浆充分分散后,加入煤油 300 g/t,搅拌 2 min,然后调节叶轮转速至 600 r/min,加入起泡剂 200 g/t,搅拌 1 min,搅拌完成后将煤浆立即转入浮选柱内进行浮选试验。

2.1.4.2 浮选试验

将煤浆转入浮选柱后,调节充气量至 0.85 $m^3/(m^2 \cdot min)$,开启浮选柱外部充气泵,浮选 5 min。浮选过程中保持矿浆液位和充气量不变。分 5 次分别收集浮选精煤,前两次刮泡时间为 0.5 min,第 3 次刮泡时间为1 min,后两次刮泡时间为 1.5 min。浮选完成后,将收集到的精煤和尾煤分别过滤、烘干、称重,采用缓慢灰化法测定产品的灰分,每组试验进行 2 次,取平均值。

2.1.5 浮选速率常数的计算

浮选过程中,浮选速率方程可以表示为[139]:

$$\frac{dc}{dt} = -kc^n \tag{2-1}$$

式中，c 为浮选槽内目的矿物的浓度；t 为浮选时间；k 为浮选速率常数；n 为反应级数。

对于窄级别矿石的浮选，可以采用一级浮选动力学模型表示：

$$\frac{dc}{dt} = -kc \tag{2-2}$$

由于浓度的变化与回收率的变化相对应，因此式(2-2)可以表示为：

$$\frac{dc}{dt} = k(1-\varepsilon) \tag{2-3}$$

式中，ε 为目的矿物的回收率。

由式(2-3)可以得到，某一时间段内的浮选速率常数 k 为：

$$k = \frac{1}{t}\ln\frac{\varepsilon_\infty}{\varepsilon_\infty - \varepsilon} \tag{2-4}$$

式中，ε_∞ 为目的矿物的最大回收率。

2.1.6 试验结果与分析

2.1.6.1 调浆转速对不同粒度级煤泥浮选的影响

以 1.4～1.8 g/cm^3 密度级的原煤作为试验样品，研究调浆转速对不同粒度级煤泥调浆后浮选的影响。

(1) 调浆转速对 0.5～0.15 mm 粒级煤泥浮选的影响

不同调浆转速下，0.5～0.15 mm 粒级浮选精煤累计灰分和可燃体回收率与浮选时间的关系如图 2-3 所示。由图可见，对于 0.5～0.15 mm 粒级原煤，当调浆转速为 900 r/min 时，浮选 5 min，精煤累计可燃体回收率为 87.89%，此后提高调浆转速，精煤累计可燃体回收率增加不明显，但调浆转速从 600 r/min 提高到 1 500 r/min 时，在浮选前期，0.5 min 内的精煤累计可燃体回收率从 41.35%增加到 63.56%。精煤累计灰分随着调浆转速的提高先升高后略有降低，但变化幅度不大。

(2) 调浆转速对 0.15～0.074 mm 粒级煤泥浮选的影响

不同调浆转速下，0.15～0.074 mm 粒级浮选精煤累计灰分和可燃体回收率与浮选时间的关系如图 2-4 所示。由图可见，对于 0.15～0.074 mm 粒级，调浆转速为 900 r/min 时，浮选 5 min，精煤累计可燃体回收率为

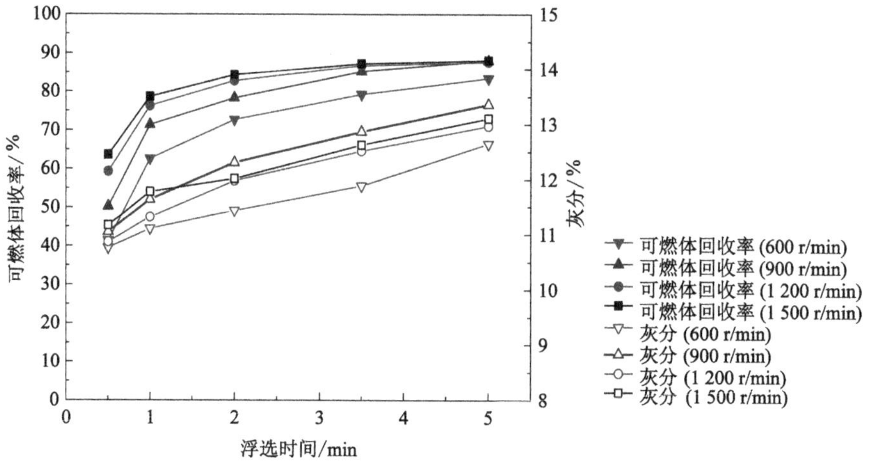

图 2-3 不同调浆转速下 0.5～0.15 mm 粒级浮选精煤累计灰分和可燃体回收率与浮选时间的关系

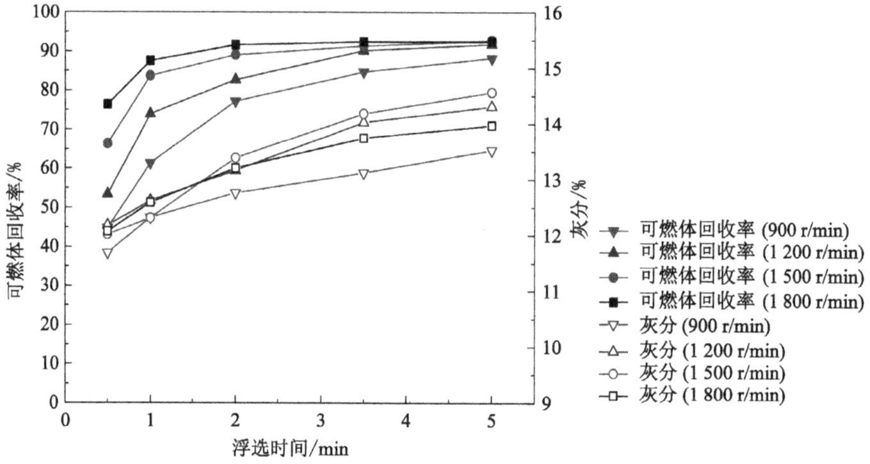

图 2-4 不同调浆转速下 0.15～0.074 mm 粒级浮选精煤累计灰分和可燃体回收率与浮选时间的关系

88.31%；调浆转速为 1 200 r/min 时，浮选 5 min，精煤可燃体回收率提高至 91.79%；此后进一步提高调浆转速，可燃体回收率增加不明显。浮选速度随着调浆转速的增加迅速提高，调浆转速从 900 r/min提高到 1 800 r/min

时，0.5 min内精煤累计可燃体回收率从44.78%增加到76.47%。精煤累计灰分随着调浆转速的提高先升高后略有降低，调浆转速从900 r/min提高到1 500 r/min，精煤累计灰分从13.53%升高至14.56%，调浆转速进一步提高至1 800 r/min时，精煤灰分降低至13.97%。

(3) 调浆转速对−0.074 mm粒级煤泥浮选的影响

不同调浆转速下，−0.074 mm粒级浮选精煤累计灰分和可燃体回收率与浮选时间的关系如图2-5所示。由图可见，对于−0.074 mm的细粒级，当调浆转速为900 r/min时，可燃体回收率较低，为79.56%，随调浆转速的提高，可燃体回收率逐渐增加。浮选5 min，调浆转速从900 r/min提高到1 800 r/min，精煤可燃体回收率从79.56%增加到90.85%，精煤累计可燃体回收率从28.37%增加到55.12%，精煤累计灰分从13.74%增加至14.21%。

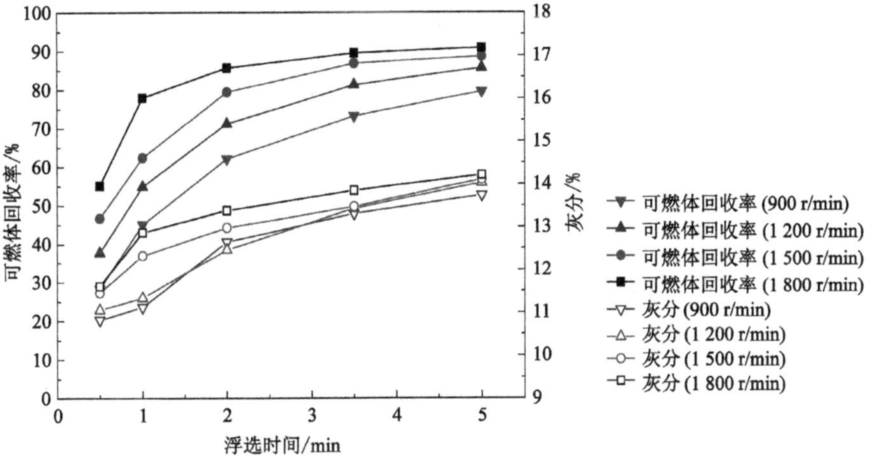

图2-5 不同调浆转速下−0.074 mm粒级浮选精煤累计灰分和可燃体回收率与浮选时间的关系

通过对比图2-3～图2-5可以看出：

① 随着调浆搅拌转速的提高，三个不同粒级煤泥浮选5 min时的精煤累计可燃体回收率均逐渐增加，但0.5～0.15 mm和0.15～0.074 mm粒级的浮选精煤可燃体回收率在调浆转速超过900 r/min和1 200 r/min后基本保持不变，而−0.074 mm粒级精煤可燃体回收率随着调浆转速的提高一直呈增加的趋势，说明对于试验煤样，细颗粒调浆时的最佳调浆转速比粗颗粒高。

② 精煤累计灰分随着调浆转速的提高呈先升高后略有降低的趋势。这可能是因为随着调浆转速的提高,颗粒与药剂之间的碰撞和吸附增加,使部分疏水性较差的连生体颗粒得到了回收,因此回收率和灰分均逐渐增加,但在较高的调浆转速和剪切力作用下,部分脉石矿物从调浆过程中形成的聚团中脱落,使精煤灰分略有降低。

③ 浮选速率随着调浆转速的增加明显提高,尤其在浮选初期(即 0~0.5 min),精煤可燃体回收率增加明显。

2.1.6.2 调浆转速对不同密度级煤泥浮选的影响

为了进一步考察相同粒度时颗粒表面疏水性与浮选调浆的关系,选取 $-1.3\ g/cm^3$ 和 $1.3\sim1.4\ g/cm^3$ 两个密度级的 -0.074 mm 粒级煤泥进行搅拌调浆试验。

(1) 调浆转速对 $-1.3\ g/cm^3$ 密度级煤泥浮选的影响

原煤 $-1.3\ g/cm^3$ 密度级煤泥浮选精煤累计灰分和可燃体回收率与调浆转速的关系如图 2-6 所示。由图可见,浮选 3.5 min 时,浮选精煤累计可燃体回收率随着调浆转速的提高变化不大。由于 $-1.3\ g/cm^3$ 密度级煤样的灰分较低,仅为 1.91%,颗粒表面疏水性较好,因此在较低的调浆搅拌转

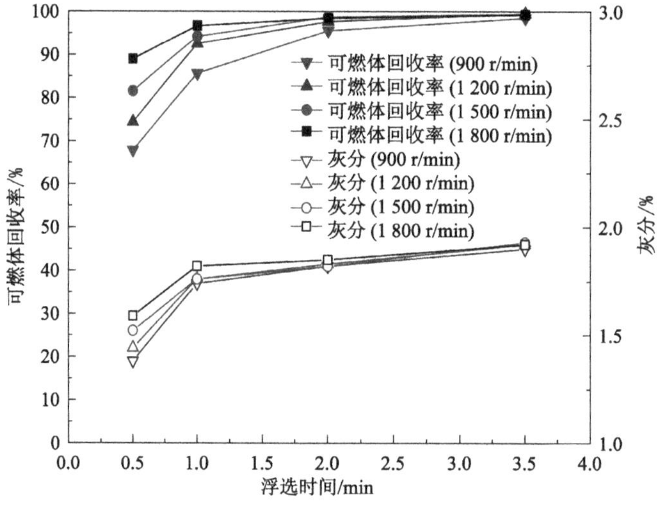

图 2-6 $-1.3\ g/cm^3$ 密度级煤泥浮选精煤累计灰分和可燃体回收率与调浆转速的关系

速下，即可获得较高的可燃体回收率。调浆转速为 900 r/min 时，精煤累计可燃体回收率为 99.12%，进一步提高调浆转速对于 $-1.3\ g/cm^3$ 密度级的浮选精煤累计可燃体回收率影响不明显。

精煤浮选速率随着调浆转速的提高显著提高，调浆转速从 900 r/min 提高到 1 800 r/min 时，0.5 min 内的精煤累计可燃体回收率从 57.87%增加到了 88.95%。由于颗粒的表面疏水性较好，在较低的搅拌转速下调浆后精煤就可以几乎完全浮出，因此最终精煤灰分变化不大。

(2) 调浆转速对 1.3～1.4 g/cm^3 密度级煤泥浮选的影响

原煤 1.3～1.4 g/cm^3 密度级煤泥浮选精煤累计灰分和可燃体回收率与调浆转速的关系如图 2-7 所示。由图可见，浮选精煤累计可燃体回收率随着调浆转速的提高略有增加，调浆转速为 900 r/min 时，精煤累计可燃体回收率为 98.16%；调浆转速提高到 1 200 r/min 时，精煤累计可燃体回收率达到99.57%。精煤浮选速率随着调浆转速的增加显著提高，调浆转速从 900 r/min 提高到 1 800 r/min 时，0.5 min 内的精煤累计可燃体回收率从48.39%增加到 77.54%。

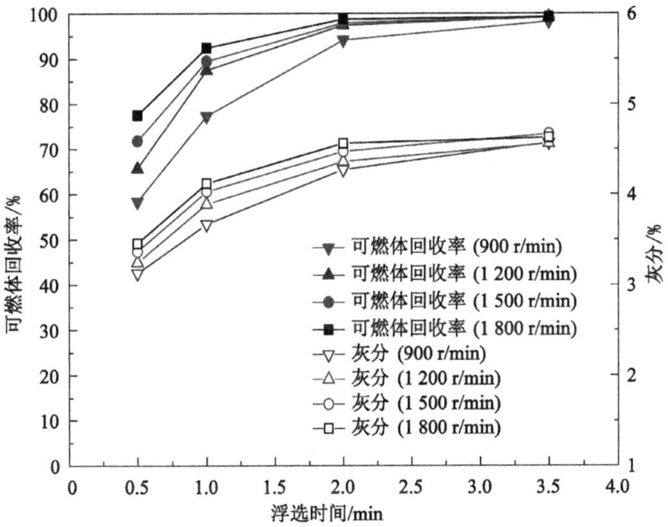

图 2-7 1.3～1.4 g/cm^3 密度级煤泥浮选精煤累计灰分和可燃体回收率与调浆转速的关系

通过对比图 2-5～图 2-7 可以看出，对于粒度相同而表面疏水性不同的煤泥，疏水性越好，调浆过程中对应的最佳转速越低，但对于不同表面疏水性的煤泥，调浆速度的提高对初始浮选速度的提高均有明显的促进作用。

2.1.6.3　搅拌调浆对煤泥浮选速率的影响

1.4～1.8 g/cm³ 不同粒度级和－0.074 mm 不同密度级煤泥的浮选速率常数与调浆转速的关系分别如表 2-2 和表 2-3 所列。

表 2-2　1.4～1.8 g/cm³ 不同粒度级煤泥浮选速率常数随调浆转速和浮选时间的变化

单位：min⁻¹

浮选时间/min	0.5～0.15 mm				0.15～0.074 mm				－0.074 mm			
	600 r/min	900 r/min	1 200 r/min	1 500 r/min	900 r/min	1 200 r/min	1 500 r/min	1 800 r/min	900 r/min	1 200 r/min	1 500 r/min	1 800 r/min
0～0.5	1.067	1.396	1.798	2.019	1.188	1.525	2.180	2.893	0.667	0.948	1.260	1.602
0.5～1.0	0.899	1.104	1.075	1.066	0.712	1.163	1.449	1.269	0.532	0.644	0.696	1.423
1.0～2.0	0.314	0.278	0.320	0.309	0.529	0.412	0.399	0.397	0.371	0.448	0.605	0.433
2.0～3.5	0.184	0.254	0.173	0.138	0.268	0.380	0.160	0.072	0.232	0.287	0.298	0.204
3.5～5.0	0.147	0.136	0.045	0.042	0.177	0.116	0.117	0.004	0.180	0.177	0.097	0.093

表 2-3　－0.074 mm 不同密度级煤泥浮选速率常数随调浆转速和浮选时间的变化

单位：min⁻¹

浮选时间/min	－1.3 g/cm³				1.3～1.4 g/cm³				1.4～1.8 g/cm³			
	600 r/min	900 r/min	1 200 r/min	1 500 r/min	900 r/min	1 200 r/min	1 500 r/min	1 800 r/min	900 r/min	1 200 r/min	1 500 r/min	1 800 r/min
0～0.5	2.271	2.724	3.381	4.405	1.754	2.138	2.530	2.987	0.667	0.948	1.260	1.602
0.5～1.0	1.611	2.468	2.327	2.411	1.215	2.014	1.968	2.162	0.532	0.644	0.696	1.423
1.0～2.0	1.174	1.164	1.544	0.772	1.349	1.577	1.600	1.753	0.371	0.448	0.605	0.433
2.0～3.5	0.732	1.082	0.501	0.503	0.775	0.735	0.661	0.309	0.232	0.287	0.298	0.204

由表 2-2 和表 2-3 可以看出，对于不同粒度和不同表面疏水性的煤泥，随着调浆转速的增加，煤泥浮选速率常数逐渐增加，尤其是 0～0.5 min 内的初始浮选速率常数增加明显。搅拌速度从 900 r/min 增加到 1 500 r/min，对于 1.4～1.8 g/cm³ 密度级煤泥，0.5～0.15 mm、0.15～0.074 mm 和－0.074 mm三个粒级的初始浮选速率常数分别提高了 44.62%、89.70%和

68.99%；对于 −0.074 mm 粒级煤泥，−1.3 g/cm³ 和 1.3～1.4 g/cm³ 密度级的初始浮选速率常数分别提高了 61.71%和 39.71%。由此可见通过提高调浆过程中的搅拌速度，可以在一定程度上提高浮选速度。

2.2　调浆对氧化煤浮选及其动力学的影响

2.2.1　原煤性质

取自加拿大某露天开采的焦煤，经过破碎，磨矿至 −0.5 mm 粒级，用于浮选调浆试验研究。煤样的粒径分布如图 2-8 所示，工业和元素分析结果如表 2-4 所示。通过分析可知，煤样 D_{50} = 75.10 μm，D_{90} = 297.00 μm，煤样中 −74 μm 的细粒级含量较多。煤样的灰分为 24.55%，氧元素的含量为 13.86%，含氧量较高会使得煤样的可浮性变差，影响浮选效果。

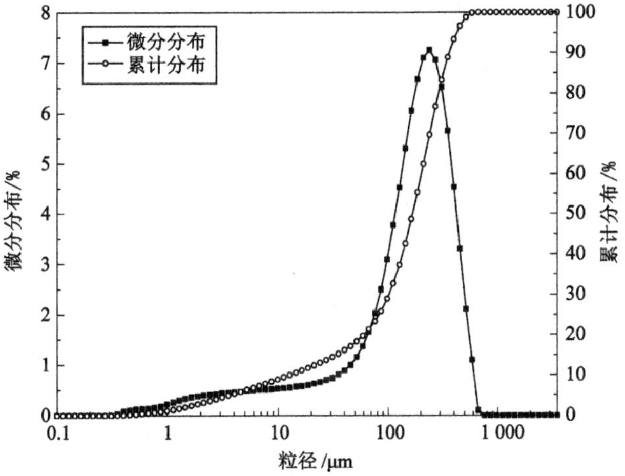

图 2-8　煤泥粒径分布图

表 2-4　煤样的工业分析和元素分析结果

M_{ad}/%	A_{ad}/%	V_{ad}/%	FC_{ad}/%	C_{daf}/%	H_{daf}/%	N_{daf}/%	S_{daf}/%	O_{daf}/%	C/N
0.61	24.55	18.67	56.17	74.98	6.77	1.85	0.54	13.86	40.53

2.2.2 试验装置和仪器

2.2.2.1 调浆装置

试验采用型号为 Hei-TORQUE 100 的搅拌装置(海德堡仪器有限公司,德国)进行调浆。搅拌槽的直径为 100 mm,高度为 150 mm,有效容积为 1 150 mL,槽体内壁均匀布置 4 块挡板。槽体的中心安装一个带有 6 个叶片的 Rushton 叶轮,叶轮转速通过变频电机进行调节和控制。为了防止调浆过程中高速搅拌时槽体上方吸入空气影响调浆效果,在搅拌槽顶部用有机玻璃盖进行密封。调浆系统示意如图 2-9 所示。

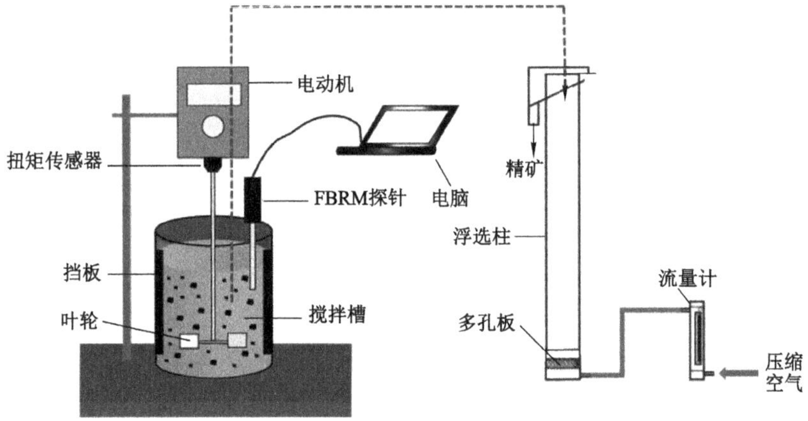

图 2-9 调浆浮选系统示意图

2.2.2.2 聚焦光束反射仪

利用聚焦光束反射仪(FBRM,Mettler Toledo G400,梅特勒-托莱多,瑞士)对调浆过程中煤油液滴和颗粒的粒径变化进行在线实时监测,试验装置如图 2-10 所示。FBRM 可在较高浓度下进行测量,不需要对样品进行稀释。FBRM 探头发射出的激光束以固定速度进行旋转,激光连续进行扫描,当碰到液滴或者粒子时,激光束发生反射,直至激光束通过液滴或颗粒,此时通过激光束旋转的速度与通过颗粒或液滴的时间相乘可得到颗粒或液滴的弦长。由于激光束为高速扫描,因此调浆过程中颗粒或液滴的运动不会影响测量结果。测量时,煤样在不同搅拌速度下进行调浆,得到不同搅拌速度下颗粒或液滴的粒径随时间的变化。每 2 s 进行一次测量,得到一系列的弦长分布。

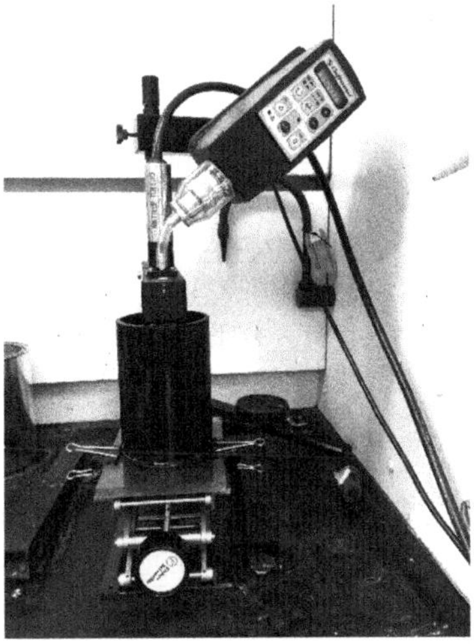

图 2-10　FBRM 测量装置

2.2.3　试验药剂

试验所用捕收剂为煤油(纯度 99.90%),起泡剂为甲基异丁基甲醇(MIBC,纯度≥99.00%)。经过前期的优化试验,获得的起泡剂的最佳浓度为 350.00×10^{-6},在后续的试验过程中,选择该起泡剂用量并保持不变。

2.2.4　试验方法

2.2.4.1　调浆和浮选

每次在调浆槽内加入 40.0 g 煤样和 1 000 mL 的去离子水,设定调浆转速后,搅拌 2 min,使煤样在水中充分分散,然后加入捕收剂,搅拌 3 min,最后加入起泡剂,搅拌 30 s,调浆完成后的矿浆立刻转入浮选装置进行浮选试验。

浮选试验采用 1 台实验室自制的充气式浮选柱进行浮选,以避免浮选过程中浮选机叶轮对矿浆的二次搅拌作用。浮选柱的直径 D 为 50 mm,高度 H_1 为 550 mm。浮选柱底部安装有孔径大小为 5 μm 的一个多孔陶瓷板,用于充气时产生微细气泡。矿浆转入浮选柱后,开始在浮选柱底部充入压缩空气,空气流量恒定在 1.5 cm/s。在浮选过程中,按 0～30 s、30～60 s、60～90 s、90～120 s 和 120～180 s 五个时间段收集精煤,得到五个精煤产品。对收集的精煤和尾煤产品分别进行过滤、烘干和称重，各精煤产率γ_i和浮选可燃体回收率ε_i按照下式进行计算：

$$\gamma_i=\frac{m_i}{m_f}\times 100\% \tag{2-5}$$

$$\varepsilon_i=\frac{\gamma_i(100-A_i)}{100(100-A_f)}\times 100\% \tag{2-6}$$

式中，m_i为每次精煤质量，g；m_f为入料煤样质量，g；A_i为精煤灰分，%；A_f为入料灰分，%。

2.2.4.2　薄膜浮选

目前有很多方法可以表征煤的润湿性，比如接触角、润湿热、诱导时间等。但煤较为复杂，且其具有非均质性，这些方法通常只能反映某一特定粒级或样品的平均润湿性。

薄膜浮选是由 Fuerstenau 等提出的，可以用于测量不同润湿性颗粒的含量分布[140]。薄膜浮选时，在锥形漏斗中，将一定量的煤粉放置在润湿液体的表面，且尽量保持煤粉呈单层分布。根据煤粉润湿性的不同，颗粒保持在液体表面或沉到液体底部，改变液体的表面张力，可得到不同液体表面张力对应的浮物产率分布曲线。

通过薄膜浮选对不同条件下调浆后煤样疏水性的变化进行评价。薄膜浮选时，煤样调浆后过滤，然在 40 ℃的温度下低温烘干，作为试验样品。薄膜浮选试验在室温条件下的甲醇-水溶液中进行。试验时，取一个 500 mL 的分液漏斗，加入 300 mL 的甲醇和水的混合溶液，然后加入 0.35 g 样品，亲水性的颗粒下沉从分液漏斗底部排出，疏水性颗粒漂浮在液体表面。试验过程中，加入煤样时尽可能地靠近液体表面，减少颗粒下降时对液体表面的影响。通过改变甲醇在水溶液的比例，可调整甲醇-水溶液的表面张力。

2.2.4.3　颗粒表面药剂吸附

利用红外光谱仪(FTIR，Vertex 70，布鲁克光谱仪器公司，美国)分析调浆后煤油在煤颗粒表面的吸附情况。调浆后的煤样过滤后在 40 ℃的温度下低温烘干。红外的扫描范围为 4 000～400 cm^{-1}，每个光谱的扫描分辨率为 4 cm^{-1}。

2.2.4.4　絮体图像分析

利用单反相机对颗粒在悬浮液中的絮团进行拍摄。煤样在不同搅拌转速下进行调浆，取出 10 mL 的悬浮液加入 100 mL 的去离子水中，稀释后拍照分析。

2.2.5 试验结果与分析

2.2.5.1 煤油用量对浮选效果的影响

搅拌转速固定为1 500 r/min时，煤油用量对浮选性能的影响如图2-11所示。随着煤油用量的增加，累计可燃体回收率和累计灰分均逐渐增加。当煤油用量为1.33 kg/t时，累计精煤可燃体回收率仅为52.31%；当煤油用量增加到4.00 kg/t时，累计精煤可燃体回收率提高到92.38%，此时累计灰分为13.73%；进一步增加煤油用量到5.33 kg/t时，累计可燃体回收率达到96.76%，但累计灰分增加至14.39%。虽然煤油用量为5.33 kg/t时可燃体回收率较煤油用量为4.00 kg/t时略有提高，但其精煤灰分显著增加，因此，后续试验选择煤油用量为4.00 kg/t。

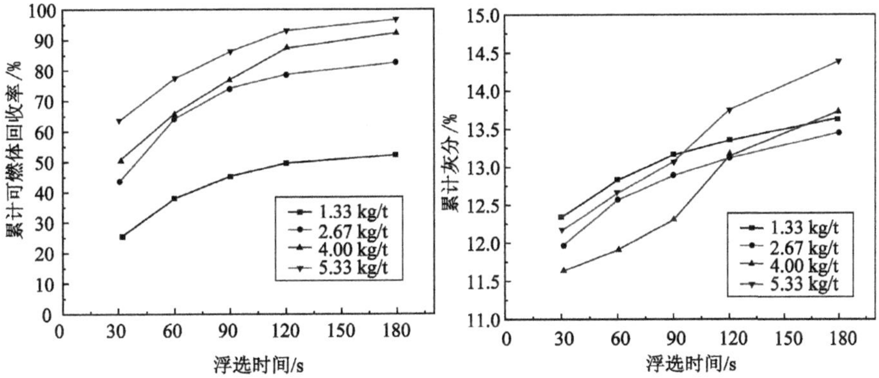

(a) 累计可燃体回收率与浮选时间的关系　　(b) 累计灰分与浮选时间的关系

图2-11 煤油用量对浮选效果的影响

选用经典一阶模型对浮选试验结果进行拟合，得到浮选速率常数k，拟合结果如图2-12所示。由图可见，浮选速率常数k值越大，浮选速度越快。当煤油用量为1.33 kg/t时，浮选速率常数仅为2.07，随着煤油用量的增加，浮选速率k值逐渐增加，浮选速率逐渐变快。

2.2.5.2 调浆转速对浮选效果的影响

调浆转速对浮选效果的影响如图2-13所示，调浆时间固定为3 min。由图可见，当搅拌转速为900 r/min时，精煤累计可燃体回收率为35.02%，精

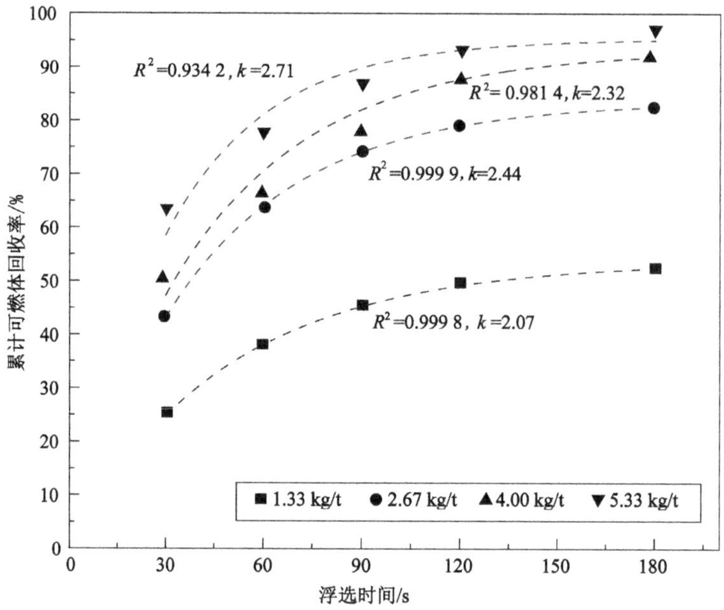

图 2-12　不同煤油用量下浮选结果的拟合曲线

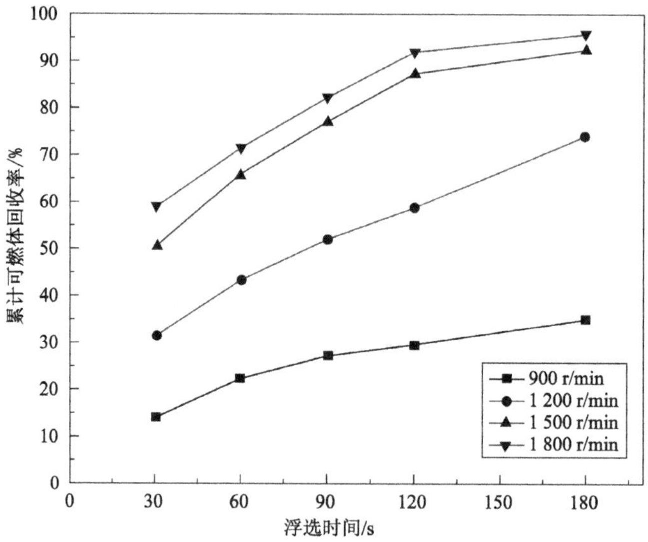

（a）累计可燃体回收率与浮选时间的关系

图 2-13　调浆转速对浮选效果的影响

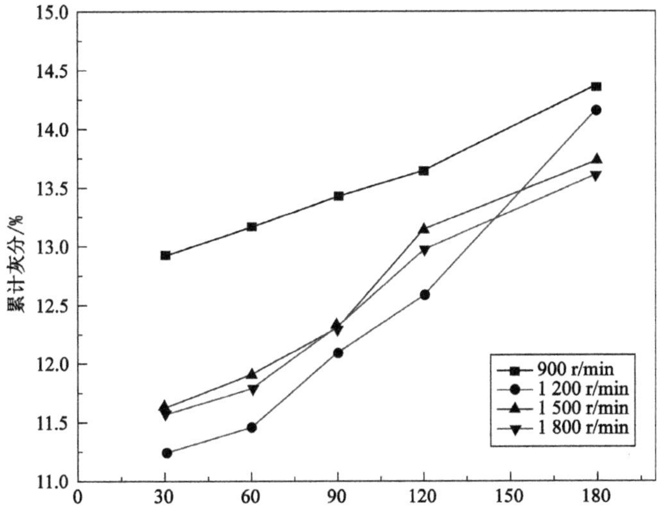

(b) 累计灰分与浮选时间的关系

图 2-13 (续)

煤的累计灰分为 14.37%。随着搅拌转速的增加,精煤累计可燃体回收率逐渐增加。当搅拌转速由 900 r/min 增加至 1 500 r/min,精煤累计可燃体回收率显著增加,达到 92.38%,精煤累计灰分显著降低,为 13.73%。当搅拌转速为1 200 r/min、浮选时间为 0~120 s 时,精煤产率和灰分增加的趋势较缓,而当浮选时间继续增加时,精煤灰分急剧增加。产生该现象的原因可能是在此调浆转速下,药剂与煤泥的调浆效果不佳,在浮选后期导致一部分高灰产品进入精煤使精煤灰分显著增加。当搅拌转速从 1 500 r/min 增加至 1 800 r/min时,精煤累计可燃体回收率仅略有增加,但精煤累计灰分略有降低。可以看出,在煤泥浮选中,搅拌转速的增加可以增加精煤的可燃体回收率,降低精煤灰分。

不同调浆转速下的浮选结果拟合曲线如图 2-14 所示。由图可见,当搅拌转速为 900 r/min 时,浮选速率常数仅为 1.44。随着调浆转速的增加,浮选速率常数显著增加。当搅拌速度由 900 r/min 增加至 1 500 r/min 时,浮选速率常数增加至 2.32。但当搅拌速度进一步增加至 1 800 r/min 时,浮选速率常数增加的趋势变缓。由此可以看出,在煤泥浮选中,调浆搅拌转速的增加有利于提高浮选速度,加速浮选过程的进行。

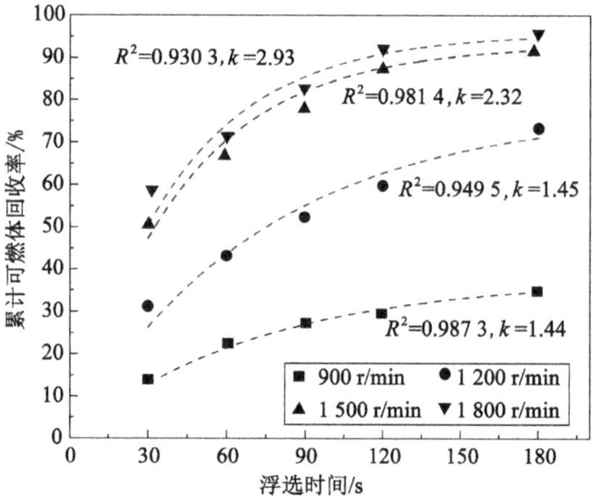

图 2-14 不同调浆转速下浮选结果的拟合曲线

2.2.5.3 膜浮选试验

该试验中均在室温下并以甲醇-水溶液为润湿液进行，通过改变甲醇和水溶液的比例，调整甲醇溶液的表面张力，液体的表面张力可以在 72.80～22.50 mN/m 的范围内调节。图 2-15 为甲醇水溶液的表面张力与溶液中甲醇体积百分比的关系，由图可见，随着甲醇体积百分比的增加，溶液的表面张力逐渐降低。图 2-16 为不同搅拌转速调浆后煤泥的膜浮选试验结果，图中 $\gamma_{c(min)}$ 为最疏水粒子的临界表面张力，此时疏水性颗粒产率为 0。在未调

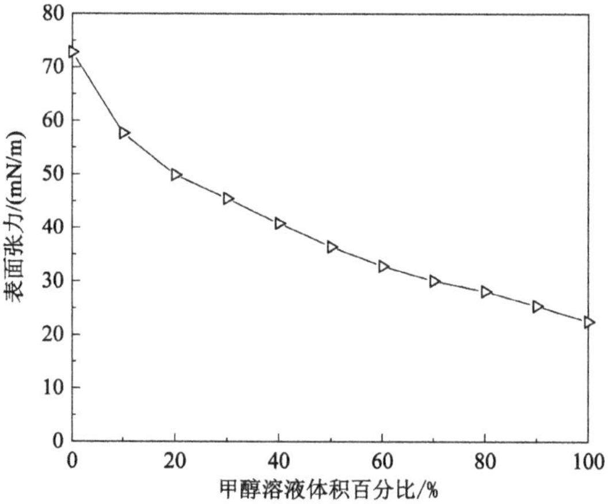

图 2-15 甲醇水溶液的表面张力与溶液中甲醇体积百分比的关系

浆时,水溶液中的疏水颗粒产率仅为 58.46%。调浆后,疏水颗粒产率显著增加,当搅拌转速增加至 1 500 r/min 时,疏水颗粒的产率达到 93.87%;但当再次增加搅拌转速,至 1 800 r/min 时,疏水颗粒产率增加幅度减缓,此时疏水颗粒的产率为 97.18%。

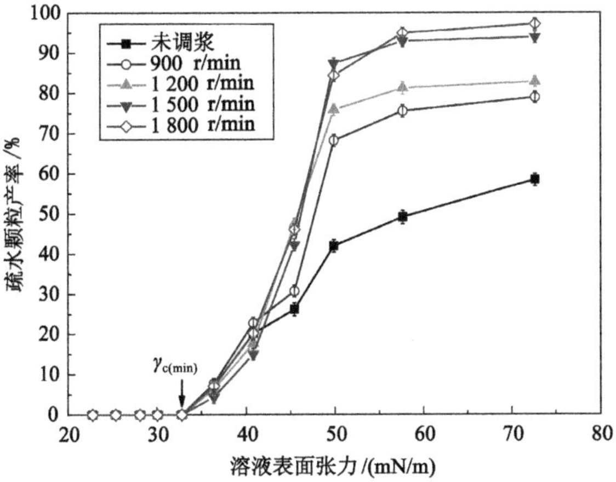

图 2-16 不同调浆转速下的膜浮选试验结果

2.2.5.4 搅拌转速对油滴和煤泥粒径分布的影响

(1) 搅拌转速对油滴粒径分布的影响

煤油是选煤常用的非极性烃类油捕收剂,其不溶于水,因此煤油在水中的分散程度对煤泥浮选结果具有重要的影响。图 2-17 为调浆过程中不同搅拌转速下煤油液滴尺寸随搅拌时间的变化。

从图 2-17(a)可以看出,在 900 r/min 的搅拌转速下,煤油分散后 −10 μm 液滴的数量较少,且随着搅拌时间的增加,煤油液滴数量增加不明显,说明在低转速下煤油液滴难以被分散;随着搅拌速度的增加,尤其是当调浆转速提高到 1 800 r/min 时,−10 μm 煤油液滴数量显著增加,说明在高调浆速度下,煤油被分散成小液滴。图 2-17(b)~(d)呈现出相同的变化趋势,即随着搅拌转速的增加,各粒级煤油液滴的数量均有所增加。

(2) 搅拌转速对煤泥粒径变化的影响

图 2-18 为调浆过程中不同搅拌转速下煤泥粒径随搅拌时间的变化。由图可见,在未加入煤油前,各个搅拌转速下煤泥粒径变化不大,说明此时没有

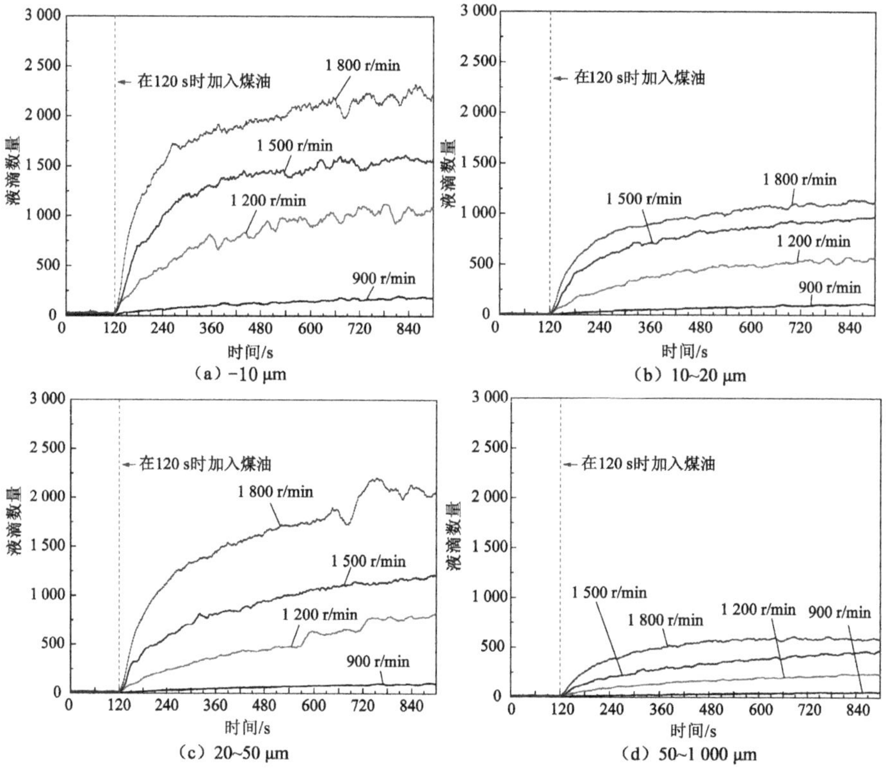

图 2-17　不同搅拌转速对煤油液滴粒径分布的影响

明显的絮团产生。在 120 s 时加入煤油后，由图 2-18(a)可以看出，当搅拌转速为 900 r/min 时，−50 μm 粒径的煤颗粒数量几乎不变。但随着调浆转速的增加，−50 μm 粒径的煤颗粒数量减少，尤其是当搅拌转速增加至 1 800 r/min 时，−50 μm 粒级的数量显著减少。这说明在调浆过程中，随着搅拌转速的增加，细颗粒逐渐发生剪切絮凝，且在高调浆转速下细颗粒的絮凝现象更为明显。由图 2-18(b)和(c)可以看出，随着搅拌转速的增加，50～300 μm 和 300～1 000 μm 粒级煤粒数量呈增加趋势。由图 2-18(d)可以看出，调浆过程中，煤颗粒平均粒径随着搅拌时间的延长呈增加的趋势。

图 2-19 所示为不同调浆转速对煤粒粒径分布的影响。t=120 s 和 t=300 s 分别对应图 2-18 中样品 1 和样品 2 的采样时间：在试验过程中 t=120 s时加入煤油，在加入煤油前进行样品 1 的取样；t=300 s 为加入煤油后

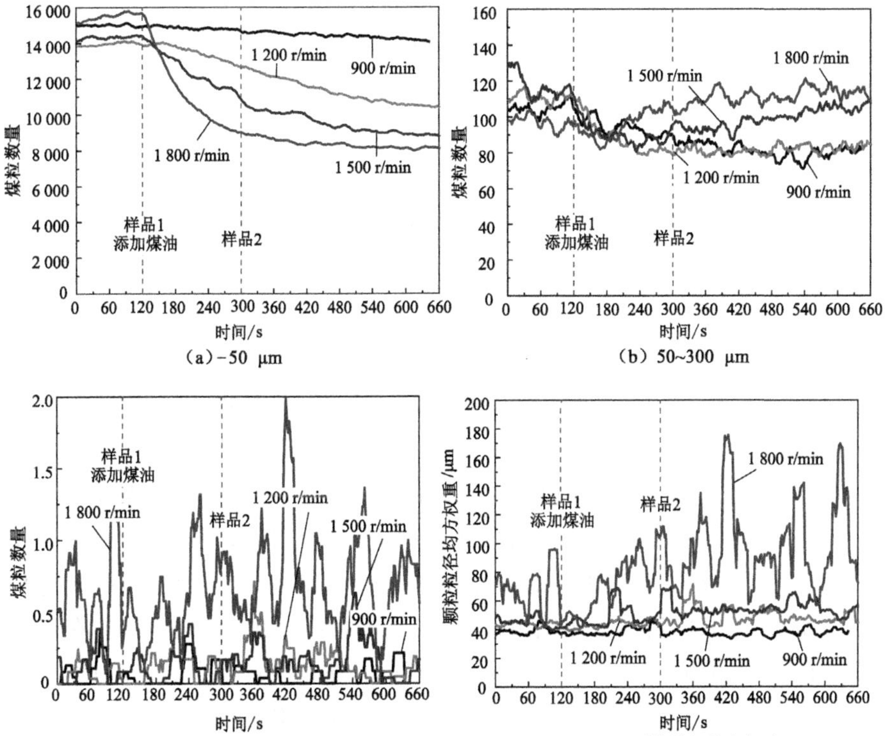

(a) -50 μm (b) 50~300 μm

(c) 300~1 000 μm (d) 颗粒粒径均方权重

图 2-18 不同搅拌转速对煤泥粒径分布的影响

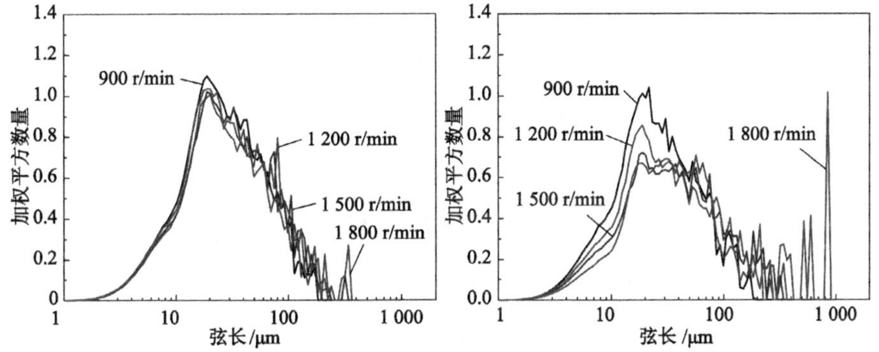

(a) t=120 s (b) t=300 s

图 2-19 不同调浆转速对煤泥粒径分布的影响

调浆 3 min 的时间,此时进行样品 2 的取样。由图 2-19(a)可以看出,在未加入煤油前,调浆转速对矿浆中煤泥粒径的分布几乎无影响。由图 2-19(b)可以看出,随着搅拌转速的增加,−50 μm 粒级数量减少,尤其是−20 μm 粒级数量显著减少,同时+300 μm 粒级数量增加。这说明在调浆过程中,随着搅拌速度的增加,微细颗粒发生剪切絮凝,形成了疏水絮团。在调浆转速为 1 800 r/min时,弦长在 1 000 μm 处出现较高的峰值,而在较低的搅拌速度(900~1 500 r/min)中未检测到,这主要可能是高搅拌作用下产生的气泡导致。

2.2.5.5 搅拌转速对煤表面煤油吸附的影响

图 2-20(a)为煤油的 FTIR 光谱图,(b)为不同搅拌转速调浆后煤泥样品的 FTIR 光谱图。2 920 cm^{-1}和 2 857 cm^{-1}处出现峰是由于脂肪族 CH_2 对称伸缩振动引起的,1 458 cm^{-1}和 1 377 cm^{-1}处出现的峰是由于 CH_3、CH_2 伸缩振动和 CH_2 对称变形引起的[141]。由图 2-20(a)可以看出,煤油的主峰位于 2 920 cm^{-1}和 2 857 cm^{-1}处。为了研究不同搅拌转速调浆后煤油在煤粒表面的吸附情况,对调浆后的样品在 2 800~2 950 cm^{-1}的波数范围进行分析,如图 2-20(b)所示。由图可以看出,随着搅拌速度的增加,煤油在煤颗粒表面的吸附量增加。结合 FBRM 结果可知,在调浆过程中,搅拌速度增加使煤油分散程度和分散后的油滴数量增加,可能会使油滴与煤颗粒之间的碰撞概率增加,从而增加了油滴在煤颗粒表面的吸附量。

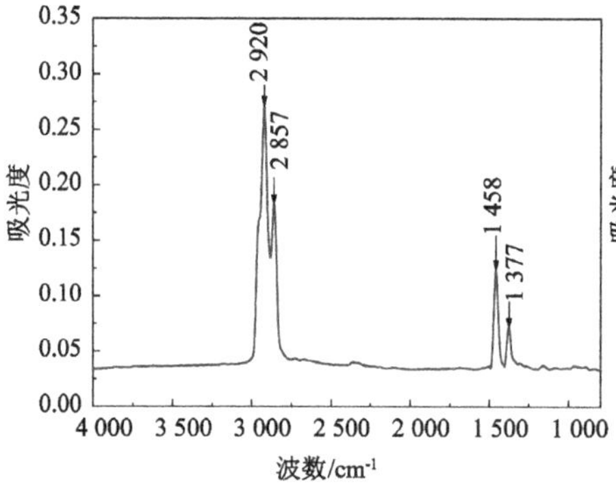

(a) 煤油

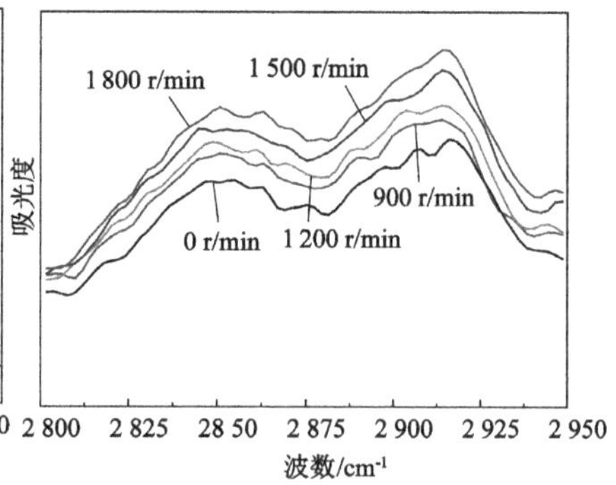

(b) 不同搅拌速度处理后的煤样

图 2-20 FTIR 光谱图

2.2.5.6 搅拌转速对絮团的影响

图 2-21 为不同搅拌转速调浆后的絮团照片。调浆前颗粒分散较好,无

明显的絮团，见图 2-21(a)。在 900 r/min 和 1 200 r/min 的搅拌转速调浆后，絮团较少，仍有大量的微细颗粒呈分散状态分散在矿浆中，见图 2-21(b)和(c)。随着搅拌转速的进一步增加，絮团的数量明显增加。在调浆转速为 1 500 r/min 和 1 800 r/min 时，矿浆中颗粒发生明显的絮凝，溶液中呈分散状态的微细颗粒数目显著减少，见图 2-21(d)和(e)。搅拌转速的增加，使得煤表面的煤油吸附量增加，煤表面的疏水性提高，微细颗粒之间发生了较明显的剪切絮凝现象。

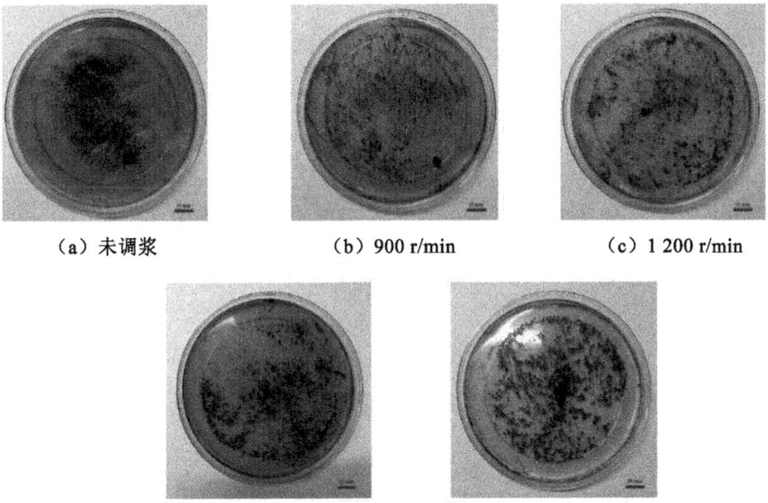

(a) 未调浆　(b) 900 r/min　(c) 1 200 r/min

(d) 1 500 r/min　(e) 1 800 r/min

图 2-21　不同搅拌转速下调浆后的絮团图像

2.3　微细粒铝土矿调浆浮选试验研究

2.3.1　矿石性质

铝土矿矿样取自河南登封地区某铝土矿选矿厂，将矿样破碎至－3 mm 后，在瓷球磨中湿磨，然后利用旋流粒度分析仪进行分级，将－10 μm 粒级沉降、过滤，然后自然晾干。采用激光粒度分析仪对所得到的－10 μm 试验样品进行粒度分析，粒度分布结果如图 2-22 所示。

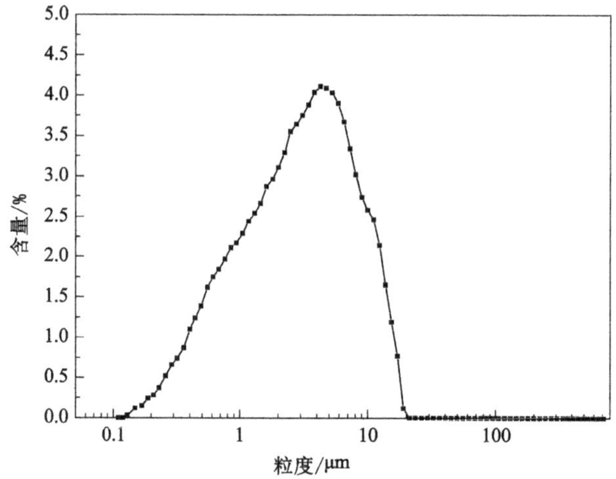

图 2-22　铝土矿样品的粒度分布

通过粒度分析，得到试验样品的粒度分布为 D_{50}=3.53 μm，−10 μm 含量为 90.67%。

铝土矿原矿的化学分析结果如表 2-5 所列。从表中可以看出，原矿中 Al_2O_3 含量为 55.75%，Al/Si 为 2.52，属于低品位铝土矿。

表 2-5　铝土矿原矿化学分析结果

元素	Al_2O_3	SiO_2	MgO	P_2O_5	K_2O	CaO	Fe_2O_3	S	TiO_2
含量/%	55.75	22.13	0.30	0.16	3.76	0.50	4.04	0.14	2.35

2.3.2　试验药剂

试验过程中，采用盐酸（分析纯，徐州南试化学试剂有限公司）和无水碳酸钠（分析纯，上海苏懿化学试剂有限公司）调节矿浆 pH 值，油酸钠作为捕收剂。该油酸钠通过油酸（化学纯，上海苏懿化学试剂有限公司）和氢氧化钠（分析纯，上海苏懿化学试剂有限公司）加温反应而成。

2.3.3　试验方法

2.3.3.1　搅拌调浆

试验过程中，每次称取 50.0 g 样品，量取 550 mL 45 ℃的去离子水加入搅拌桶。调节叶轮转速至设定值，加入 Na_2CO_3 调节矿浆 pH 值至 9.5，搅拌 1 min，然后加入油酸钠 1 600 g/t，搅拌一定时间，搅拌完成后将搅拌后的矿浆立即转入浮选柱内进行浮选试验。

2.3.3.2 浮选试验

开启浮选柱充气泵，调节充气量至 0.85 $m^3/(m^2 \cdot min)$，浮选 5 min，浮选过程中尽量保持充气量和矿浆液位不变，分别收集精矿和尾矿，过滤、烘干、称重，采用 X 射线荧光法分析其中 Al_2O_3 和 SiO_2 的含量。每组试验进行两次，在误差范围内取平均值。

2.3.4 试验结果与分析

2.3.4.1 挡板对浮选效果的影响

试验条件：搅拌时间 5 min。挡板添加前后不同叶轮转速对铝土矿浮选精矿 Al_2O_3 回收率和 Al/Si 的影响分别如图 2-23 和图 2-24 所示。

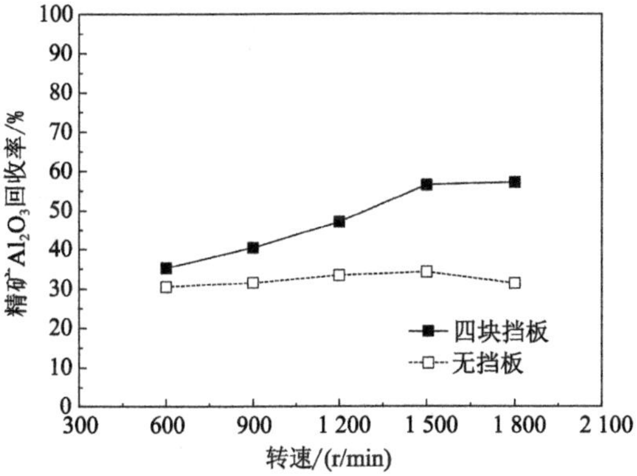

图 2-23 搅拌槽中有挡板和无挡板时搅拌转速对铝土矿精矿 Al_2O_3 回收率的影响

由图 2-23 可以看出，无挡板时精矿回收率较低，转速为 600 r/min 时浮选精矿 Al_2O_3 回收率仅为 30.56%，随着调浆搅拌转速的提高，精矿 Al_2O_3 回收率变化不明显，说明无挡板时的调浆效果较差，此时搅拌转速的提高对提高调浆效果作用不明显。添加挡板后，随着搅拌转速的提高，回收率明显增加，搅拌转速从 600 r/min 提高到 1 800 r/min 时，回收率从 35.31%增加到了 57.16%，进一步提高搅拌转速，回收率增加趋势变缓。

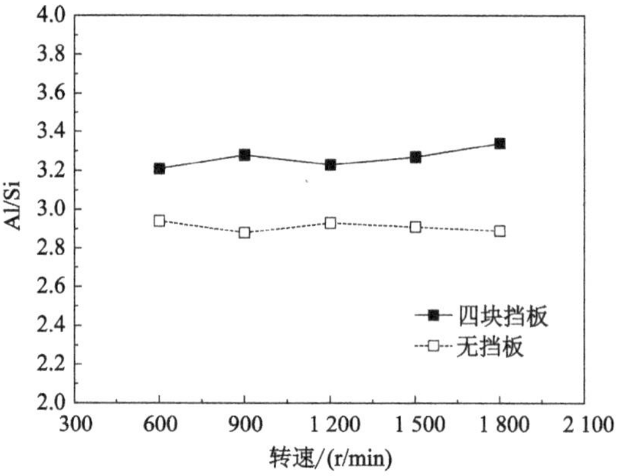

图 2-24　搅拌槽中有挡板和无挡板时搅拌转速对铝土矿精矿 Al/Si 的影响

由图 2-24 可以看出，搅拌槽中添加挡板后的精矿 Al/Si 均高于无挡板时，搅拌槽中无挡板时，精矿 Al/Si 随着搅拌转速的提高变化不明显，添加挡板后，精矿 Al/Si 随着搅拌转速的提高逐渐增加。

胡岳华等[142]研究了黑钨矿絮凝浮选调浆过程中挡板对浮选回收率的影响，与无挡板时的调浆效果相比，添加挡板后，黑钨矿的浮选回收率提高了 10 个百分点。这主要是因为调浆过程中矿浆的湍流状态对于颗粒与颗粒之间的碰撞以及颗粒与药剂之间的吸附至关重要。无挡板时，搅拌槽中切向速度较高，容易在搅拌槽中心形成一个较深的漩涡，搅拌槽中除叶轮附近以外其余大部分区域剪切率均比较低，由于微细粒质量较小，容易跟随流体运动，颗粒与流体之间的速度差较小，难以实现颗粒与药剂之间的有效碰撞及吸附。添加挡板后，极大地提高了搅拌槽中流体的剪切率，剪切率的提高有利于突破微细粒表面的水化膜，促进药剂在颗粒表面的吸附。

2.3.4.2　搅拌时间对浮选效果的影响

试验条件：搅拌转速 1 500 r/min。搅拌时间对铝土矿浮选精矿 Al_2O_3 回收率和 Al/Si 的影响如图 2-25 所示。

由图 2-25 可见，随着调浆搅拌时间的增加，精矿 Al_2O_3 回收率先逐渐增加，至 3 min 后继续增加搅拌时间，回收率略有降低；Al/Si 则随着搅拌时间的增加逐渐提高。浮选调浆过程中，需要的搅拌时间与矿石性质、搅拌转速、叶轮型式及搅拌槽混合时间等因素有关。当矿石性质和叶轮转速基本

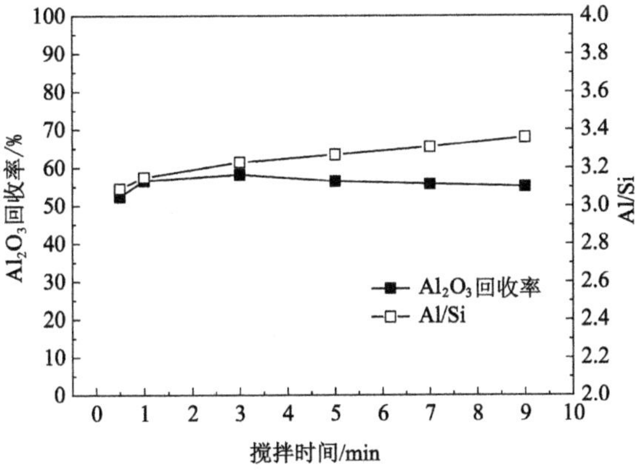

图 2-25 搅拌时间对铝土矿浮选的影响

保持不变时，搅拌调浆过程所需要的搅拌时间主要由搅拌槽混合时间决定。本试验中，由于搅拌槽体积较小，矿浆循环速度较快，因此试验过程中需要的搅拌时间较短，搅拌 3 min 后回收率不再发生明显的变化。由试验结果也可以看出，通过延长搅拌时间来增加微细粒铝土矿浮选回收率作用不明显，但通过延长搅拌时间，可以在一定程度上提高精矿品位。

2.3.4.3 双叶轮搅拌对浮选效果的影响

从搅拌槽中添加挡板后的试验结果可以看出，对于粒度细、质量小的微细颗粒，需要强剪切的流体环境来提高颗粒与药剂之间的碰撞和混合效率。为了进一步提高搅拌槽调浆效率，对铝土矿样品进行了双叶轮搅拌试验研究。

(1) 叶轮角度对浮选效果的影响

试验过程中，上层叶轮采用 45°四斜叶涡轮，使叶轮排出流向下，主要考察下层叶轮角度对调浆效果的影响。进行叶轮角度试验时，两叶轮层间距等于叶轮直径，为 55 mm，下层叶轮的离底高度固定为叶轮直径的 65%，即 35.8 mm，搅拌转速 1 500 r/min。下层叶轮角度对铝土矿浮选效果的影响如图 2-26 所示。

由图 2-26 可见，下层叶轮角度为 30°和 45°时，精矿 Al_2O_3 回收率和 Al/Si 均比较低；下层叶轮角度为 135°时，精矿 Al_2O_3 回收率达到最大值。这可能是因为下层叶轮角度不同时，搅拌槽中流场有差异。当下层叶轮角度为

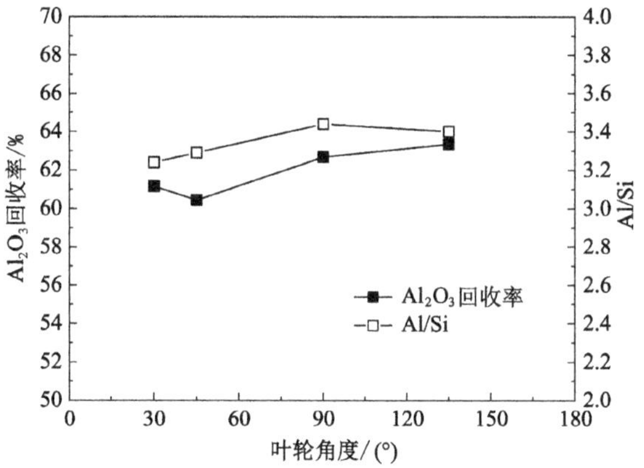

图 2-26　叶轮角度对浮选效果的影响

135°即－45°时，下层叶轮排出流向上，与上层叶轮排出流产生碰撞，叶轮之间流体的相互作用较强，提高了微细粒铝土矿的搅拌调浆效果。因此，后续试验下层选用－45°叶轮。

(2) 叶轮层间距对浮选效果的影响

双层叶轮搅拌时，叶轮层间距对搅拌流场具有重要的影响。搅拌转速为 1 500 r/min 时，叶轮层间距对微细粒铝土矿浮选效果的影响如图 2-27 所示。

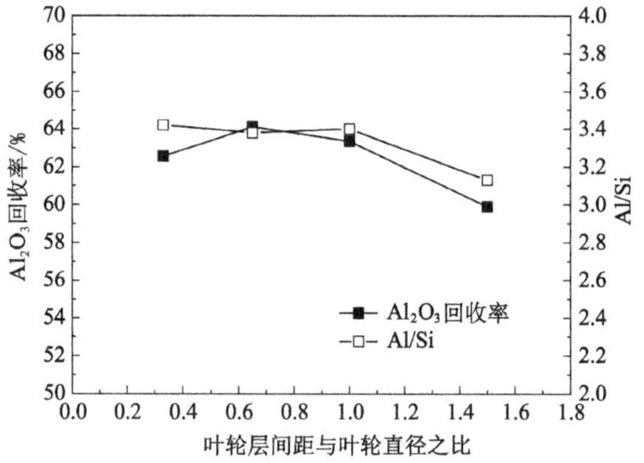

图 2-27　叶轮层间距对浮选效果的影响

由图 2-27 可见，随着两叶轮之间层间距的减小，精矿 Al_2O_3 回收率先增加后减少。叶轮层间距与叶轮直径之比从 1.5 减少到 0.65 时，精矿 Al_2O_3

回收率从 59.90%增加到了 64.11%，精矿 Al/Si 也从 3.13 提高到 3.38；叶轮层间距与叶轮直径之比进一步减少到 0.30 时，虽然精矿 Al/Si 仍有少量提高，但 Al_2O_3 的回收率降低。这可能是因为当两叶轮直径大于一定距离时两叶轮之间的相互作用较弱，而随着叶轮间距的减小，上层桨叶向下的排出流和下层桨叶向上的排出流相互作用逐渐增强，使叶轮中间的流体剪切率提高。但减小至一定程度后，两叶轮排出流将在叶轮附近合并，此时两叶轮类似一个组合叶轮，叶轮之间的相互作用反而降低。

2.3.4.4 双叶轮变速搅拌对浮选效果的影响

变速搅拌的研究主要包括两个方面：一是改变叶轮的转向，二是改变叶轮转速的大小。叶轮速度的大小和方向可以周期性地变化，也可以随机变化。研究表明：与恒速搅拌相比，变速搅拌能缩短混合时间，增强搅拌槽内流体速度的波动，提高混合效率[143-145]。

变速搅拌试验中，影响搅拌效果的因素主要有速度大小、变速幅度、变速周期和加减速时间等。试验采用变频器来控制电机的转速、转向和运转时间，通过对变频器进行控制，来实现电机的变速搅拌功能。电机以一定的转速运转一定时间后，短时间内改变电机转速及转向，使电机以一定速度反向运转，如此进行循环，本次试验变频器最小加减速时间为 0.1 s。变速搅拌叶轮运动模式如图 2-28 所示。

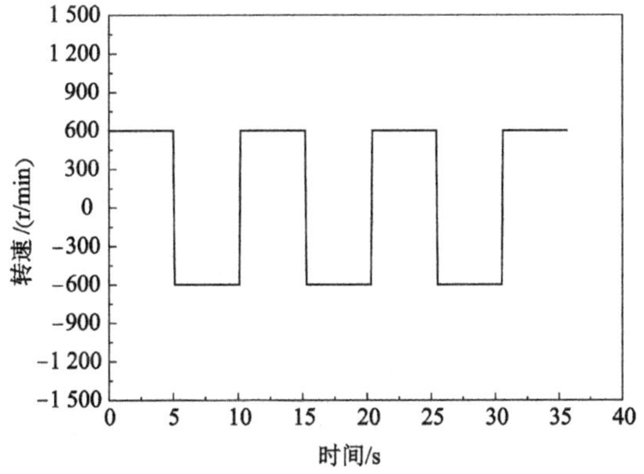

图 2-28 变速搅拌叶轮运动模式图

(1) 变速搅拌方式对调浆效果的影响

考察变速搅拌方式对调浆效果的影响时，在双层叶轮搅拌的基础上进行了以下四组对比试验：① 转速为 1 500 r/min 正反向搅拌；② 转速为 900 r/min 正反向搅拌；③ 转速为 1 500 r/min 和 900 r/min 单向搅拌；④ 转速为 1 500 r/min 单向搅拌。变速搅拌过程中，变速周期固定为 4 s。这四种搅拌方式对浮选效果的影响如表 2-6 所列。

表 2-6　搅拌方式对浮选效果的影响

搅拌方式	产品名称	产率/%	Al_2O_3 含量/%	SiO_2 含量/%	Al/Si	Al_2O_3 回收率/%
1 500 r/min 正反向	精矿	60.04	61.48	17.96	3.42	66.37
	尾矿	39.96	46.81	28.41	1.65	33.63
	原矿	100.00	55.62	22.14	2.51	100.00
900 r/min 正反向	精矿	55.89	60.97	18.65	3.27	61.45
	尾矿	44.11	48.46	26.17	1.85	38.55
	原矿	100.00	55.45	21.97	2.52	100.00
1 500 r/min 与 900 r/min 单向	精矿	58.51	61.64	18.35	3.36	64.89
	尾矿	41.49	47.03	27.28	1.72	35.11
	原矿	100.00	55.58	22.06	2.52	100.00
1 500 r/min 单向	精矿	57.16	61.56	18.08	3.40	63.35
	尾矿	42.84	47.52	26.97	1.76	36.65
	原矿	100.00	55.55	21.89	2.54	100.00

由表 2-6 可见，当叶轮为 1 500 r/min 与 900 r/min 单向旋转时，和叶轮 1 500 r/min恒速旋转相比，在精矿品位基本相当的情况下，Al_2O_3 回收率提高了 1.54 个百分点；当叶轮为 1 500 r/min 正反向旋转时，精矿回收率最高，达到 66.37%。这说明对微细粒铝土矿浮选调浆，变速搅拌的调浆效果优于恒速搅拌，而变速搅拌时正反向旋转的搅拌方式又优于单向旋转。

(2) 变速周期对调浆效果的影响

考察变速周期对调浆效果的影响时，叶轮转速为 1 500 r/min，变速周期分别为 1 s、2 s 和 4 s，变速周期对浮选指标的影响如表 2-7 所列。

表 2-7　变速周期对浮选效果的影响

变速周期/s	产品名称	产率/%	Al_2O_3含量/%	SiO_2含量/%	Al/Si	Al_2O_3回收率/%
1	精矿	61.36	61.52	17.88	3.44	68.04
	尾矿	38.64	45.89	28.74	1.60	31.96
	原矿	100.00	55.48	22.08	2.51	100.00
2	精矿	60.88	61.89	17.76	3.48	67.77
	尾矿	39.12	45.81	29.22	1.57	32.23
	原矿	100.00	55.60	22.24	2.50	100.00
4	精矿	60.04	61.48	17.96	3.42	66.37
	尾矿	39.96	46.81	28.41	1.65	33.63
	原矿	100.00	55.62	22.14	2.51	100.00

由表 2-7 可见，变速搅拌时，随着变速周期时间的缩短，精矿 Al_2O_3 回收率逐渐增加：变速周期为 4 s 时，精矿 Al/Si 为 3.42，Al_2O_3 回收率为66.37%；变速周期减小至 2 s 时，精矿 Al/Si 为 3.48，Al_2O_3 回收率为67.77%；进一步减小变速周期，Al_2O_3 回收率增加趋势减缓。这说明，合理设置变速周期，可提高调浆效果。

3 微细粒铝土矿调浆的界面效应

3.1 铝土矿表面药剂吸附研究

药剂在矿物颗粒表面的吸附可以分为物理吸附和化学吸附[146]，影响吸附的条件主要有颗粒表面化学性质、孔隙结构、比表面积、药剂、矿浆温度、pH值和搅拌条件等。浮选调浆一个重要的作用就是促进药剂在矿物表面的吸附。搅拌混合过程机理，大致可以分为分子扩散、湍流扩散和体相对流扩散三种。在湍流搅拌中，分子扩散和湍流扩散同时存在，一般流体的分子扩散系数为 $10^{-9}\sim10^{-10}$ m^2/s，湍流扩散系数则可达 10^{-4} m^2/s[147]，湍流扩散远远大于分子扩散，占主要地位。湍流扩散系数与流体的湍动状况有关，通过搅拌槽流场优化可有效提高湍流扩散系数，从而促进药剂在颗粒表面的吸附速率和吸附量。

为探索微细粒铝土矿浮选调浆过程中搅拌转速和搅拌方式对固液界面药剂吸附的影响，以便为后续搅拌流场的设计和优化提供指导依据，对铝土矿浮选调浆后油酸钠吸附量进行了测定。

3.1.1 捕收剂吸附量的测定

捕收剂吸附量的测定采用乙酸铜比色法[148]。其基本原理为：将含药剂的矿浆采用盐酸酸化，加乙酸铜-吡啶溶液生成蓝色络合物，然后使用分光光度计测量其吸光度。其操作步骤如下。

(1) 绘制标准曲线

称取 0.141 g(准确至 0.000 1 g)油酸，溶于 100 mL 苯液中，分别取此溶液 0、0.1 mL、0.2 mL、0.5 mL、1.0 mL、2.0 mL、3.0 mL 于 7 个 10 mL 比色管中，用苯稀释至 5 mL。各加入 1 mL 乙酸铜-吡啶溶液，充分振荡 3 min，在离心沉淀器中以 3 000 r/min 离心分离 5 min，然后取上层清液于 1 cm 比色槽内，在紫外可见分光光度计上，测得 715 nm 处的吸光度为纵坐标，油酸钠的浓度为横坐标，绘制标准曲线。

(2) 样品的测定

试验过程中，每次称取 50.0 g 样品，量取 550 mL 45 ℃的去离子水加入搅拌槽中。调节叶轮转速至设定值，加入 Na_2CO_3 调节矿浆 pH 值至 9.5，搅拌 1 min，然后加入油酸钠 1 600 g/t，搅拌一段时间，搅拌完成后，抽取 50 mL矿浆，将矿浆离心分离，取 20 mL 上层清液，放入 50 mL 分液漏斗中，用 2 mol/L 的盐酸酸化，使样品的 pH 值低于 2，加入 1 g 氯化钠，加温至 80 ℃，搅拌 30 min。用 5 mL 的苯提取 20 min，静置分层，弃去水相，将苯层转入 10 mL 比色管中，采用与绘制标准曲线相同的操作方法，以测得的吸光度值在标准曲线上查出油酸钠的浓度。

3.1.2　药剂吸附速率

药剂通过水膜达到颗粒表面的扩散系数可由下式给出[149]：

$$N_A = \frac{D}{\delta}(C - C_p) = k_f(C - C_p) \tag{3-1}$$

式中，D 为药剂在水膜中的扩散系数，m^2/s；C 和 C_p 分别为矿浆中和颗粒表面的药剂浓度，mmol/L；δ 为水膜厚度；k_f 为药剂与颗粒表面之间的质量传递系数，m/s。

通过式(3-1)可以得到：

$$\ln\frac{C_0 - C_p}{C - C_p} = k_f a_m f \tag{3-2}$$

式中，C_0 为矿浆中药剂的初始浓度，mmol/L；a_m 为颗粒的比表面积，m^2/m^3。对于球形颗粒，a_m 可以用下式计算：

$$a_m = \frac{6m}{d_p\rho_p(1-\varepsilon_p)} = \frac{6m}{d_p\rho_b} \tag{3-3}$$

式中，m 为矿浆中颗粒的质量浓度，kg/m^3；d_p 为平均颗粒尺寸，m；ρ_p 为颗粒密度，kg/m^3；ρ_b 为颗粒体积密度，kg/m^3；ε_p 为颗粒孔隙率。

3.1.3 油酸钠吸附量与叶轮转速的关系

调浆 5 min 时，单层叶轮恒速搅拌和双层叶轮变速搅拌时油酸钠吸附量与叶轮转速之间的关系如图 3-1 所示。从图中可以看出，随着搅拌转速的提高，两种搅拌方式下油酸钠的吸附量均逐渐增加，这可能是由于搅拌槽中剪切强度逐渐提高，药剂分散的速度增加，同时在强剪切作用下颗粒表面的水化膜减薄，促进了颗粒与药剂之间的相互作用，因此促进了油酸钠在铝土矿颗粒表面的吸附。

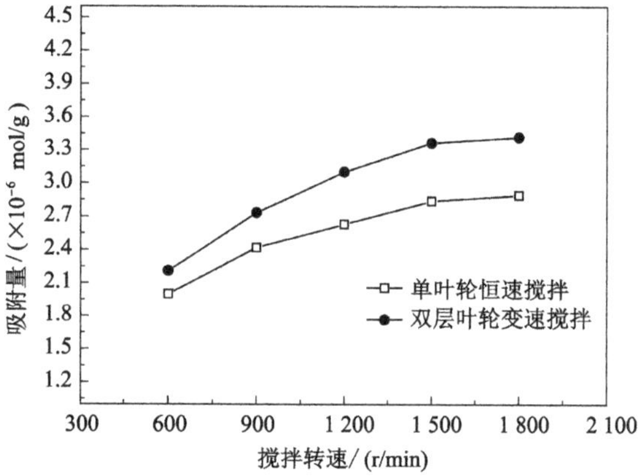

图 3-1 不同搅拌方式时油酸钠吸附量与叶轮转速的关系

当叶轮搅拌方式为单层叶轮恒速搅拌时，油酸钠吸附量随着搅拌转速的提高呈逐渐上升的趋势，但增加的幅度比较缓慢；当叶轮搅拌方式为双层叶轮变速搅拌时，随着搅拌转速的提高，油酸钠吸附量增加比较明显。叶轮转速相同时，双层叶轮变速搅拌的油酸钠吸附量大于单层叶轮恒速搅拌，这可能是由于在叶轮转速相同时，双层叶轮变速搅拌流场湍流强度大于单层叶轮，而且双层叶轮变速搅拌时，流场中速度波动较大，有利于防止微细颗粒随着流体一起运动，提高了颗粒与流体之间的相对速度，从而提高了药剂的吸附效果。

3.1.4 不同搅拌方式下油酸钠吸附量与搅拌时间的关系

搅拌转速为 1 500 r/min 时单层叶轮恒速搅拌和双层叶轮变速搅拌时

油酸钠吸附量与调浆时间的关系如图 3-2 所示。从图中可以看出，单层叶轮搅拌时，随着搅拌时间的增加，油酸钠吸附量缓慢增加，至 5 min 以后，进一步增加搅拌时间，吸附量变化不大。双层叶轮变速搅拌时，油酸钠吸附量增加趋势与单层叶轮搅拌时基本相似，但吸附速率较快，在 1 min 的搅拌时间内，吸附量增加较快，搅拌时间超过 1 min 后，增加速度变缓，超过 5 min 后，进一步增加搅拌时间，油酸钠的吸附量变化不明显。

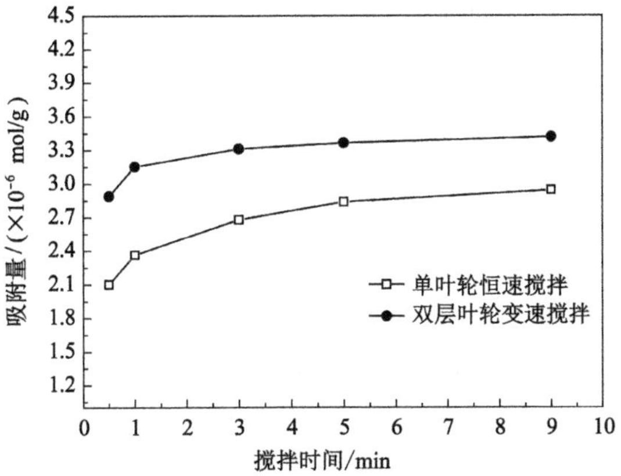

图 3-2 不同搅拌方式下油酸钠吸附量与搅拌时间的关系

3.1.5 不同搅拌方式下传质系数与搅拌时间的关系

搅拌转速为 1 500 r/min 时，单层叶轮恒速搅拌和双层叶轮变速搅拌时油酸钠在铝土矿颗粒表面的传质系数与搅拌时间的关系如图 3-3 所示。从图中可以看出，两种搅拌方式下，在 0～0.5 min 内，药剂传质系数较高，且双叶轮变速搅拌时，传质系数明显高于单层叶轮恒速搅拌，搅拌时间超过 0.5 min 后，两种搅拌方式的传质系数均显著降低，1 min 后两者基本相等。可见，在搅拌调浆过程中，单纯依靠增加搅拌时间来提高调浆效果作用有限，需采用更有效的搅拌方式来提高搅拌过程中药剂与颗粒之间的传质效率。

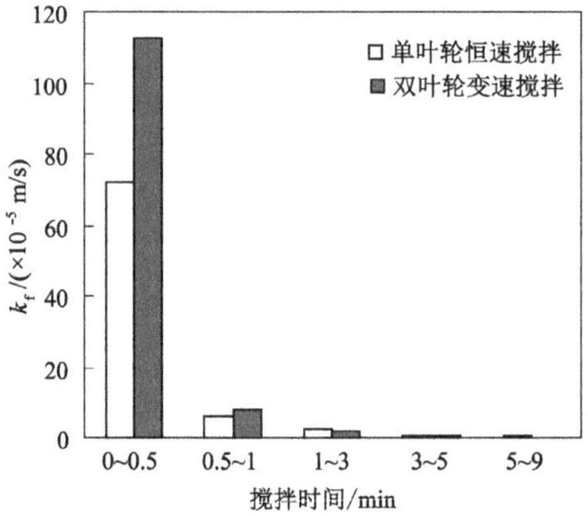

图 3-3 不同搅拌方式时油酸钠吸附速率与搅拌时间的关系

3.2 微细粒铝土矿聚团粒度分析

浮选调浆后，由于颗粒表面疏水性增加，颗粒与颗粒之间会发生疏水聚团。通过调浆使目的矿物发生选择性聚团，形成合适的粒度，以便于后续的分选。在调浆过程中，搅拌可为颗粒的聚团提供动能，同时也会造成聚团的破坏。

3.2.1 试验方法

3.2.1.1 沉降试验

调浆步骤与测量药剂吸附时相同，油酸钠用量 1 600 g/t，调浆完成后进行沉降试验。沉降试验在沉降管中进行，沉降管直径 50 mm，高度 300 mm，有效容积 600 mL。将搅拌调浆后的矿浆迅速转移至沉降管内，盖上塞子，上下缓慢摇晃 3 次，沉降 10 min。沉降后，利用虹吸管从固定高度处将上层矿浆吸出，然后将沉降管底部的聚团缓慢倒入烧杯中。

3.2.1.2 聚团粒度图像分析

聚团粒度分析采用图像分析的方法[150-153]。与激光粒度分析方法相比，该方法可以获取聚团的大小、结构和形状等直观信息，同时可以避免激光粒度分析仪测试过程中循环泵对聚团的破坏。但该方法单次检测的矿样量少，需对同一矿样多次检测进行统计，才能得到准确的数据。

向烧杯中加入少量去离子水将聚团稀释，然后用移液管从中抽取少量聚团放入载玻片中，轻轻晃动载玻片，让聚团尽可能呈单层分布。为了防止抽取矿浆的过程中移液管对聚团的破坏，将移液管前端的锥形部分去掉，使移液管入口直径扩大到 5 mm 左右[153]。将分散开的聚团置于光学显微镜下进行观察，然后采用 CCD 相机拍取照片，通过后处理软件进行粒度分析。聚团粒度图像分析系统如图 3-4 所示。为了保证测量的结果具有代表性，每次观察时拍取 5 组照片，每组样品观测 5 次，然后对 25 组照片进行统计分析。

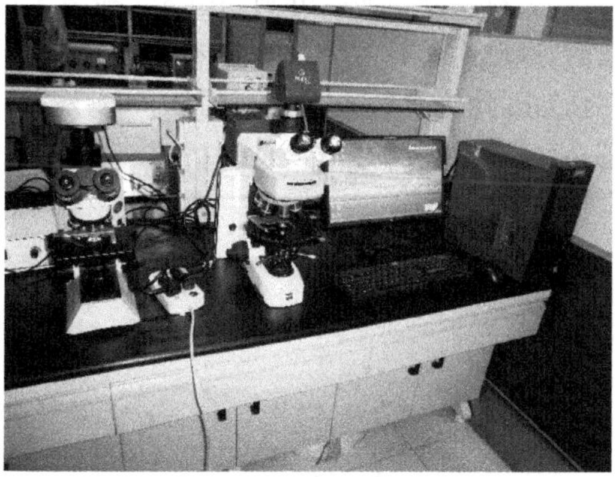

图 3-4　聚团粒度图像分析系统

聚团粒度分析图像处理过程如图 3-5 所示。首先对拍取的聚团显微镜照片进行灰度化和二值化处理，然后进行聚团粒度分析。

（a）聚团显微照片　　（b）二值化处理　　（c）粒度测量结果

图 3-5　聚团粒度分析图像处理过程

聚团直径通过下式进行计算：

$$d_n = \sqrt{\frac{4A_n}{\pi}} \tag{3-4}$$

式中，d_n为第 n 个聚团的直径；A_n为第 n 个聚团的投影面积。

通过该方法计算得到所有聚团的直径后，聚团平均粒度 d_a 可以通过平均计算得到。

3.2.2 粒度分析结果

3.2.2.1 原矿粒度分析

原矿显微镜照片和粒度分布曲线分别如图 3-6 和图 3-7 所示。从图 3-6 中可以看出，调浆前，原矿中矿物主要呈单颗粒的形式存在。从图 3-7 中可以看出，原矿中－10 μm 粒级含量为 92.46%，D_{50}＝3.26 μm，与原矿激光粒度分析结果相比，－10 μm 粒级含量和 D_{50}数值基本相当。

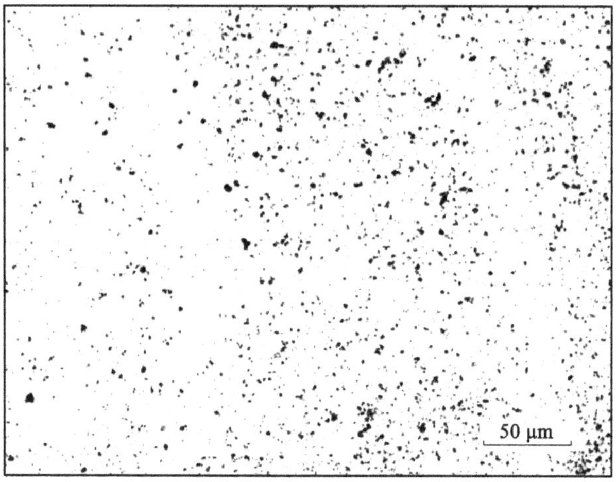

图 3-6　－10 μm 铝土矿显微镜照片

3.2.2.2 搅拌转速对聚团粒度分布的影响

不同搅拌转速调浆后铝土矿聚团的显微镜照片如图 3-8 所示。从图中可以看出，当搅拌转速为 600 r/min 时，通过显微镜观察可以看出，搅拌调浆后，沉降物的聚团较少，大部分颗粒仍然比较分散；当搅拌转速提高到 1 200 r/min 时，沉降物中聚团明显变大，但聚团结构比较松散，同时仍有部分颗粒未能形成聚团，以分散的形式存在；当搅拌转速提高到 1 500 r/min 后，随着搅拌强度的提高，聚团的直径减小，但形成的聚团比较密实，同时以分散体形式存

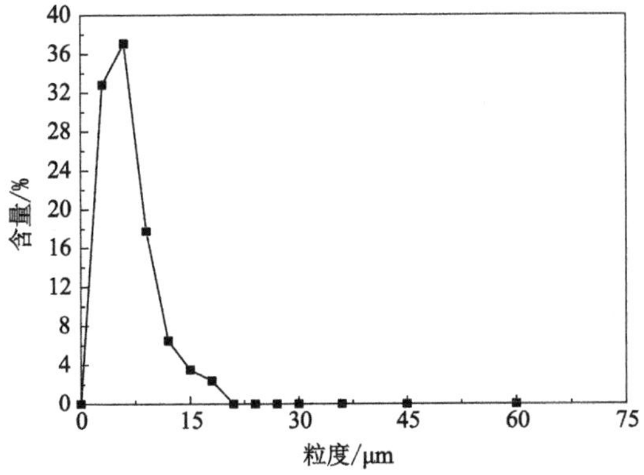

图 3-7 －10 μm 铝土矿粒度分布曲线

在的颗粒数量明显减少；当搅拌转速提高到 1 800 r/min 后，聚团直径变化不大，但大小分布比较均匀，且以分散状态存在的微细颗粒较少。

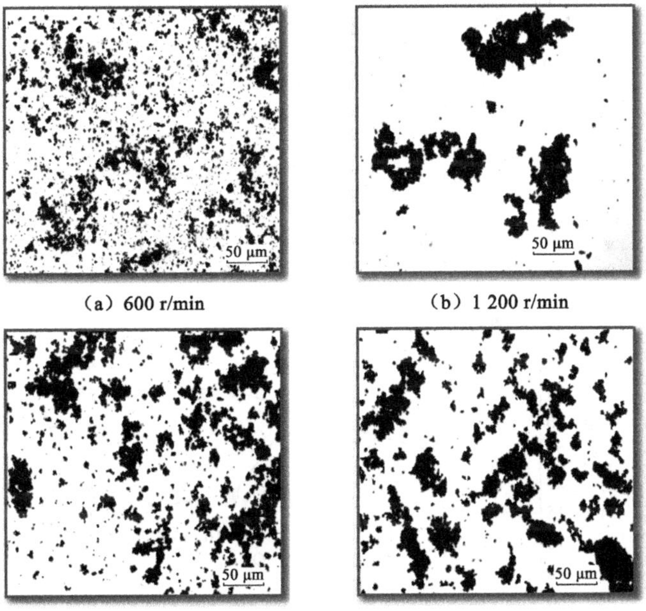

（a）600 r/min　（b）1 200 r/min　（c）1 500 r/min　（d）1 800 r/min

图 3-8 不同搅拌转速时的聚团显微镜照片（搅拌时间 5 min）

不同搅拌转速调浆后铝土矿沉降产物的粒度分布如图 3-9 所示，沉降产物中－10 μm 含量和聚团平均粒度与搅拌转速的关系如图 3-10 所示。从图 3-9 中可以看出，当搅拌转速为 600 r/min 时，沉降产物中－10 μm 细粒级含量较高；当搅拌转速提高至 1 200 r/min 时，矿浆中部分微细颗粒形成了粒度较大的聚团，但－15 μm 粒级含量较高，说明部分颗粒未能形成聚团，仍以分散体的形式存在；进一步提高搅拌转速，74～10 μm 的中间粒级含量逐渐增加，粗粒级和细粒级含量减少。

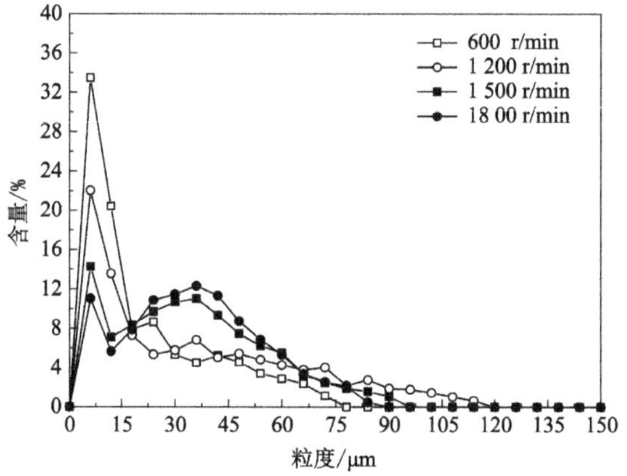

图 3-9　不同搅拌转速对铝土矿沉降产物粒度分布的影响

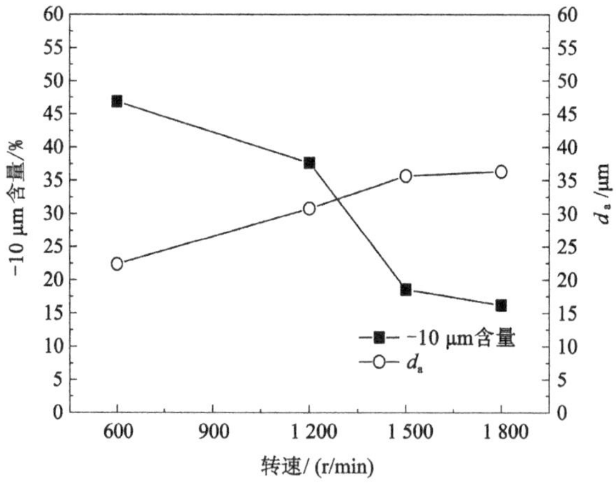

图 3-10　不同搅拌转速对沉降产物中－10 μm 含量和聚团平均粒度的影响

从图 3-10 可以看出，随着搅拌速度的提高，沉降产物中－10 μm 含量逐渐减少，搅拌转速从 600 r/min 提高至 1 800 r/min，－10 μm 含量从46.87%减少到 16.21%，而聚团平均粒度则先增大后减小。对比浮选试验结果可以看出，随着搅拌转速的提高，Al_2O_3 回收率逐渐增加，因此 Al_2O_3 的浮选回收率与沉降产物中－10 μm 减少的量呈正相关，－10 μm 含量越少，说明形成的聚团增加，有利于微细粒的浮选回收。

3.2.2.3 搅拌时间对聚团粒度分布的影响

不同搅拌时间调浆后铝土矿沉降产物的显微镜照片如图 3-11 所示。从图中可以看出，当搅拌时间为 1 min 时，搅拌调浆后，沉降物的聚团较少，大部分颗粒仍然比较分散；当搅拌时间为 3 min 时，聚团粒度明显增加，形成许多松散的大聚团；进一步延长搅拌时间，聚团粒度逐渐减小；搅拌时间增加至 9 min 时，聚团粒度明显减小。

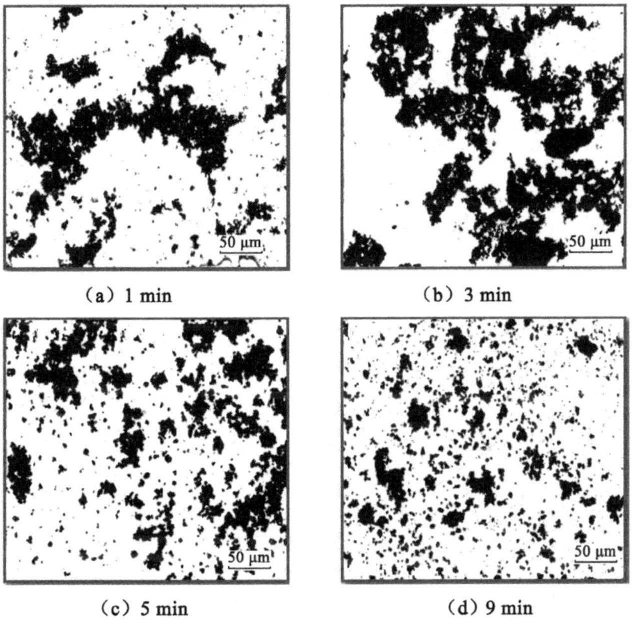

图 3-11 不同搅拌时间时的聚团显微镜照片(搅拌转速 1 500 r/min)

不同搅拌时间对铝土矿沉降产物粒度分布的影响如图 3-12 所示，沉降产物中－10 μm 含量和平均粒度随搅拌时间的变化如图 3-13 所示。从图 3-12中可以看出，当搅拌时间为 1 min 时，颗粒粒度变化较小，仅形成了少量的聚团；当搅拌时间增加至 3 min 时，聚团粒度增加，粒度分布曲线中大于 0.074 mm 含量显著增加，说明此时矿浆中微细粒之间开始形成聚团；搅拌时间为 5 min 时，聚团中 0.074～0.010 mm 的中间粒度级含量增加，搅拌时间为 9 min 时，聚团粒度明显减小。不同搅拌时间对沉降产物中－10 μm 含量和聚团平均粒度的影响如图 3-13 所示，由图可以看出，随着搅拌时间的增加，－10 μm 含量呈逐渐减少的趋势，聚团平均粒度呈先增加后减小的趋势。

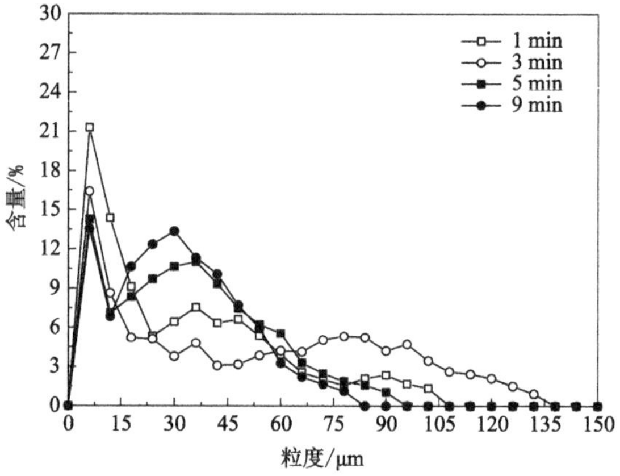

图 3-12　不同搅拌时间对铝土矿沉降产物粒度分布的影响

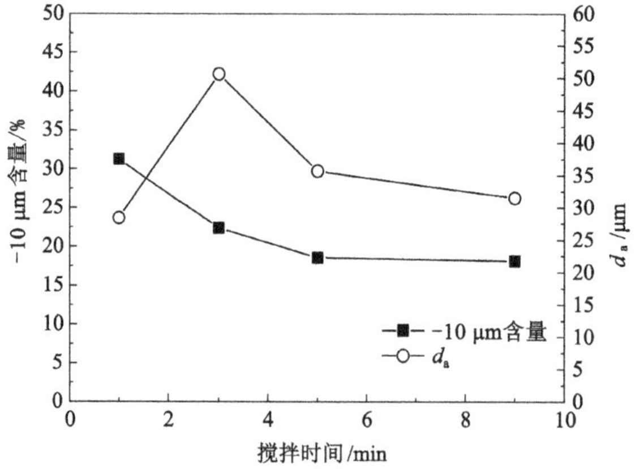

图 3-13　不同搅拌时间对沉降产物中－10 μm 含量和聚团平均粒度的影响

3.3 聚团选择性分析

通过对聚团的粒度分析可以看出，搅拌转速的提高在一定程度上有利于聚团的形成。为了进一步分析搅拌对微细粒聚团选择性的影响，对不同药剂浓度、搅拌转速和搅拌时间调浆后的矿浆进行沉降分析。

3.3.1 试验方法

将沉降试验获得的上层矿浆和下层聚团分别过滤、烘干、称重、制样，分析其中 Al_2O_3 和 SiO_2 的含量，然后分别按下述公式计算聚团中 Al_2O_3 的回收率和聚团的选择性指数。

聚团中 Al_2O_3 的回收率：

$$Al_2O_3\ \text{回收率}(\%) = \frac{m_a W_{a(Al_2O_3)}}{m_0 W_{0(Al_2O_3)}} \times 100 \tag{3-5}$$

式中，m_a 为沉降物料的质量，g；$W_{a(Al_2O_3)}$ 为沉降物中 Al_2O_3 的质量百分含量，%；m_0 为样品总质量，g；$W_{0(Al_2O_3)}$ 为样品中 Al_2O_3 的质量百分含量，%。

聚团的选择性指数：

$$S = \frac{W_{a(Al_2O_3)} W_{D(SiO_2)}}{W_{a(Si)} W_{0(Al_2O_3)}} \tag{3-6}$$

式中，S 为聚团选择性指数；$W_{D(SiO_2)}$ 为分散物中 SiO_2 的质量百分含量，%；$W_{D(Al_2O_3)}$ 为分散物中 Al_2O_3 的质量百分含量，%；$W_{a(SiO_2)}$ 为沉降物中 SiO_2 的质量百分含量，%。

3.3.2 油酸钠浓度对铝土矿选择性聚团的影响

油酸钠浓度对铝土矿选择性聚团的影响如图 3-14 所示。从图中可以看出，未添加捕收剂油酸钠时，聚团中 Al_2O_3 的回收率较低，仅为 43.89%，聚团的选择性指数为 1.23，相对于原矿仅有少量的提高。这主要是因为在沉降过程中，一水硬铝石的密度大于 SiO_2，同时由于一水硬铝石硬度较 SiO_2 高，磨矿后一水硬铝石的粒度大于 SiO_2，导致一水硬铝石的沉降速度较快，使沉降产物中的 Al_2O_3 含量略大于原矿中 Al_2O_3 含量。随着油酸钠用量的增加，沉降产物中 Al_2O_3 的回收率逐渐增加，聚团的选择性指数则是先升高后降低，当油酸钠浓度达到 4.78×10^{-4} mol/L 后，聚团的选择性指数开始降低，这主要是因为在调浆过程中油酸钠浓度较低时，由于一水硬铝石表面的 Al^{3+} 丰度较高，油酸钠优先在一水硬铝石表面发生吸附，油酸钠浓度的升高，将促进油酸钠在脉石矿物表面的吸附，使部分脉石矿物也形成聚团，从而降低聚团的选择性。

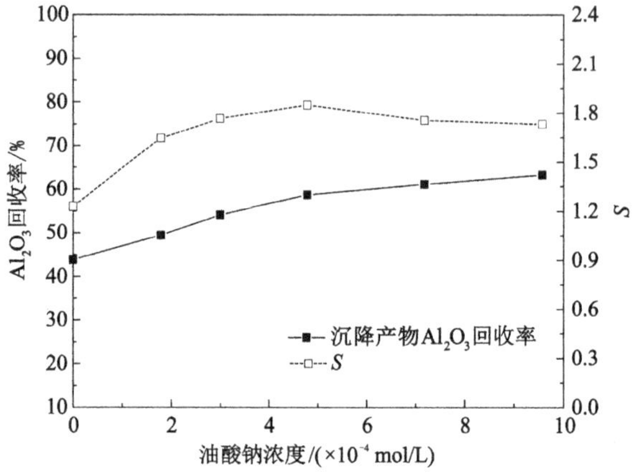

图 3-14　油酸钠浓度对铝土矿选择性聚团的影响

（搅拌转速 1 500 r/min，搅拌时间 5 min）

3.3.3　搅拌转速对铝土矿选择性聚团的影响

搅拌转速对铝土矿选择性聚团的影响如图 3-15 所示。从图中可以看出，搅拌转速较低时，聚团中 Al_2O_3 的回收率和选择性均比较低；随着搅拌转速的提高，Al_2O_3 的回收率和聚团的选择性均显著提高，至一定搅拌转速后，聚团的 Al_2O_3 回收率和选择性指数提高的趋势均逐渐变缓。对于微细粒铝土矿，当搅拌转速较低时，颗粒与颗粒在搅拌过程中的碰撞概率较小，同时颗粒在溶液中获得的搅拌动能也较小，颗粒与颗粒之间难以发生有效的碰撞而形成聚团。随着搅拌转速的提高，颗粒之间的碰撞概率增加，同时搅拌转速的提高也促进了药剂在一水硬铝石表面的吸附，从而提高了聚团中 Al_2O_3 的回收率和选择性。但搅拌转速过高，也会使已经形成的聚团破碎，因此颗粒聚团随着搅拌转速的提高达到一个动态平衡。从试验结果可以看出，对于微细粒低品位的铝土矿，搅拌转速的提高有利于促进颗粒的聚团，提高聚团的选择性。

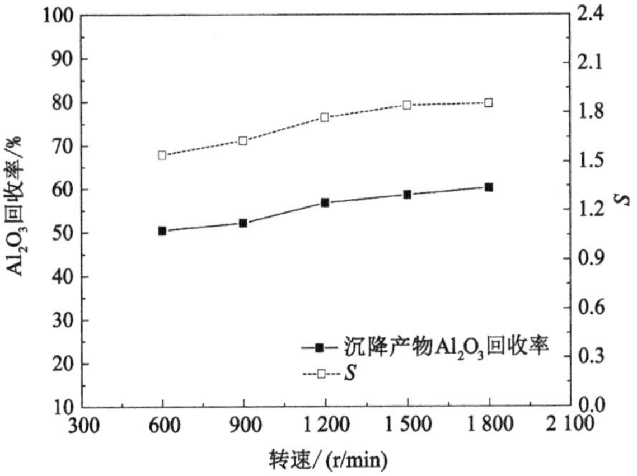

图 3-15 搅拌转速对铝土矿选择性聚团的影响

（油酸钠浓度 4.78×10^{-4} mol/L，搅拌时间 5 min）

3.3.4 搅拌时间对铝土矿选择性聚团的影响

搅拌时间对铝土矿选择性聚团的影响如图 3-16 所示。从图中可以看出，随着搅拌时间的增加，聚团中 Al_2O_3 的回收率先逐渐增加后略有降低，聚团的选择性则随着搅拌时间的延长略有提高。从聚团的显微镜图片和粒

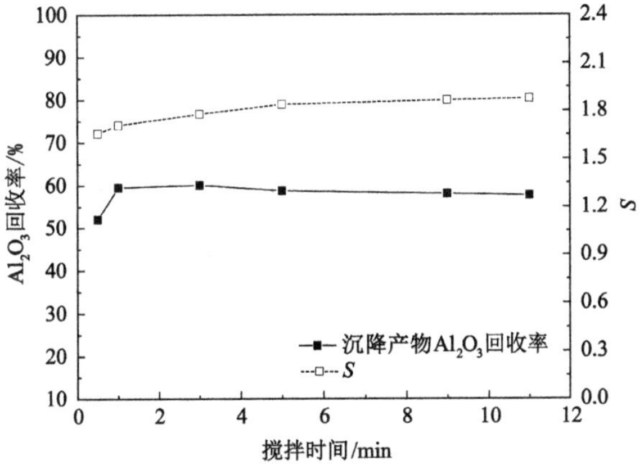

图 3-16 搅拌时间对铝土矿选择性聚团的影响

（油酸钠浓度 4.78×10^{-4} mol/L，搅拌转速 1 500 r/min）

度分析可知，搅拌时间过短时，颗粒与颗粒之间未能形成明显的聚团；随着搅拌时间的增加，聚团的产率增加，但聚团比较松散，聚团中可能夹带有一定的脉石矿物；随着搅拌时间的进一步延长，由于受到搅拌槽流场的剪切作用，聚团不断破裂和形成，聚团中夹杂的比较松散的脉石颗粒逐渐脱离出来，提高了聚团的选择性。可见，搅拌时间的增加可在一定程度上提高聚团的选择性，但通过延长搅拌时间来增加聚团中目的矿物的回收率效果不明显。

4 搅拌槽流场的数值模拟与优化

随着计算流体力学方法的发展,利用计算流体力学软件对搅拌槽进行数值模拟已逐渐成为搅拌槽结构设计和优化的重要手段。通过数值模拟方法对搅拌槽内流场进行模拟和优化,从而为搅拌槽的结构设计提供依据。

4.1 计算流体力学模型

对搅拌槽内流场的模拟,一个关键的问题是解决旋转的搅拌叶轮与静止的挡板之间的相互作用关系。针对这个问题,目前主要的模型方法有:"黑箱"模型法,动量源法,内外迭代法,多重参考系法和滑移网格法。其中使用较多的是多重参考系方法和滑移网格法。

(1) 多重参考系方法

多重参考模型(MRF 模型)是针对多个区域计算时最简单的模型之一。在使用 MRF 模型进行计算时,整个计算区域被分为多个子区域。它采用稳态近似,在各个区域上假定不同的旋转或移动速度。每个运动区域中使用运动参考系方程求解。而对于静止区域,方程采用静止系形式。在计算域的分解面上,使用一个局部参考系计算某个区域中的变量并转换到相邻的区域。多重参考系方法在许多应用场合提供了一个可信的流动模型,大多数时均流动都可以用该模型进行计算,但由于该方法是一种稳态的计算方法,因此不能反映搅拌过程中流场特性参数的瞬时变化。

(2) 滑移网格法

滑移网格模型(SMM)是一个依赖于时间的求解模型,在该模型中旋转体周围的网格围绕着旋转体旋转。叶轮的速度相对于动网格区域速度为零，槽体、挡板和其他内部构件位于静止网格区域。叶轮模拟实际运动，由于叶轮周围的网格跟着叶轮运动，因此能较好地反映出叶轮和挡板的相互作用。该模型中网格的运动是不连续的，它是一个分段进行的过程。每一次运动之后，在迭代的过程中守恒方程求解直至收敛。然后网格再次移动，守恒方程再一次在迭代计算中求解。在这种准稳态计算中，信息通过界面从旋转网格传递至静止网格。

滑移网格模型是搅拌槽数值模拟中较严密、信息量较大的计算方法。通过该模型的瞬态模拟可以捕捉流场的低频振幅，此外还可以掌握周期性的叶轮和挡板之间相互作用的结果。

由于滑移网格模型是叶轮运动模拟的一个瞬态模型，模拟的初始条件与其他模型相似。经过一段时间的计算后，流场达到一个周期性的稳定状态，但是这个周期可能相对较长。缩短计算时间的方法有两个，一种方法是在计算的初期增大时间步长，使流场迅速达到一个初始的稳定状态，另一种方法是采用 MRF 模型先进行稳态计算。通过这两种方法，可以大大节省流场达到稳定状态所需要的时间。

4.2 数值模拟步骤

4.2.1 物理模型构建与网格划分

（1）建模

搅拌槽物理模型构建采用图形设计软件 UGNX 来实现，通过该软件可以构建不同结构搅拌槽的三维模型。

（2）网格划分

数值计算过程中，为了求解不同的计算公式，需要对构建的搅拌槽模型进行离散化，也就是网格划分，以便对每一个网格单元进行赋值。网格质量对流场计算结果有重要影响，为了能准确体现出流体的流动特征，必须有一定的网格密度，通常在流动梯度较高的地方使用细网格，然后缓慢过渡，生成的网格质量必须达到要求。对于一般模型，等角偏斜率最好小于 0.9，同时网格的生成需要经过多次的调试与比较，通过逐步加密网格，对流场进行多次计算，直至随着网格的加密，数值计算结果基本上不再发生变化为止。因此，在网格划分时，需兼顾计算时间和计算准确性，同时检验生成的网格的质量。

本文计算网格划分借助 FLUENT 前处理软件完成，采用非结构网格生成技术，将求解区域划分为叶轮区和静止区，在网格划分过程中使用网格函数，使叶轮区的网格从小到大渐变，叶轮区域局部加密，保证网格质量，通过对网格数量进行优化，网格总数在 30 万左右。图 4-1 为网格划分模型。

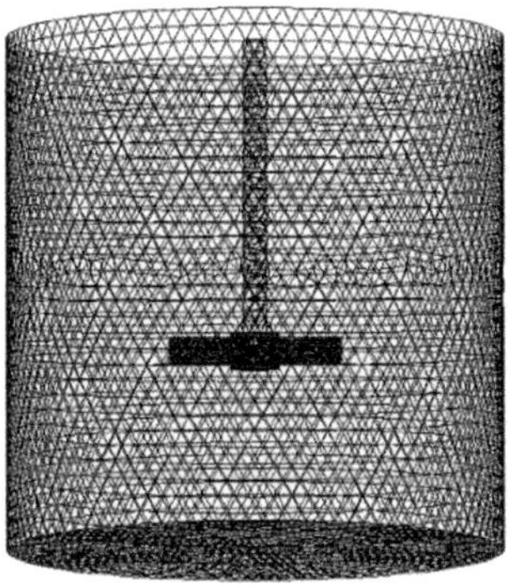

图 4-1 网格划分模型

4.2.2 数值求解步骤

将划分好网格的模型导入 FLUENT 求解器中，进行数值求解。

(1) 定义网格 Interfaces

将网格划分时定义好的叶轮区和静止区的网格面一一对应，生成 Mesh Interfaces。

(2) 检查网格

查看网格情况，保证网格最小体积为正值。

(3) 设定数学模型

对于搅拌槽的数值模拟，标准 k-ε 双方程模型在计算其湍流场方面具有较高的准确性和稳定性，因此采用该模型进行湍流场计算。

(4) 设定物料性质

本次模拟采用的物料为单相介质水，密度为 0.998 g/cm^3，黏度为 1.003×10^{-3} Pa·s。

(5) 设定操作条件

将 Z 轴方向重力加速度值设定为 $-9.80\ m/s^2$。

(6) 设定边界条件

应用滑移网格模型方法进行模拟,设定叶轮区旋转体搅拌转速、旋转轴和旋转坐标原点,搅拌叶轮旋转坐标原点与旋转体相同,相对于旋转体旋转速度为零,定义搅拌槽内流体为静止,挡板和搅拌槽桶体为静止壁面,自由液面定义为 Symmetry。

(7) 求解设置

模拟时使用 Simple 算法进行压力速度耦合计算,使用一阶迎风格式进行压力、动量、湍流方程的离散求解。

(8) 设定迭代次数和时间步长

时间步长初始设定为 0.000 1 s,迭代次数 1 000 000。

(9) 迭代计算

非稳态过程计算时要求每一个时间步长内的计算达到收敛。计算一段时间后,流场会达到统计学稳定状态。但由于存在高度脉动,流场不存在绝对稳定,因此,通过对模拟结果的比较和分析,选取计算 25 s 时的流场作为最终流场。

4.3 搅拌槽内流场的数值模拟

4.3.1 无挡板时流场的模拟分析

从前期的试验结果可以看出,在微细粒铝土矿浮选过程中,无挡板时的调浆效果较差,因此先从无挡板时搅拌槽内流场的模拟出发,探索不同结构和操作参数时搅拌流场的变化。

无挡板时搅拌槽模型主要结构和操作参数如表 4-1 所列,搅拌槽模型如图 4-2 所示。

4.3.1.1 速度分布

搅拌槽内无挡板时 $Y=0$ 平面的速度矢量图如图 4-3 所示。从图中可以看出,无挡板时,流体从叶轮排出后,沿 45°的方向向下运动,然后转为水平流,受搅拌槽壁面的影响分为两股流体,分别回到叶轮的上端和下端形成上下两个循环,在叶轮每个叶片的末端形成上下两个较大的尾涡,尾涡的存在将不利于流体的混合,此时整体的搅拌流场呈现明显的径向流特征。搅拌槽内流体速度差较小，搅拌叶轮上部的流场速度较高，叶轮下部靠近搅拌槽底部流场速度整体较低，说明无挡板时，搅拌槽内流体容易分层，下层速度较低，这样不利于颗粒的悬浮。

表 4-1　无挡板时搅拌槽模型主要结构和操作参数

项目	参数	项目	参数
搅拌槽尺寸/mm	$\phi300\times300$	叶片数目	4
叶轮直径/mm	105	叶轮层数	1
叶轮宽度/mm	21	叶轮转速/(r/min)	800
叶轮角度/(°)	45	液面高度/mm	300
叶轮离底高度/mm	105	挡板数目	0

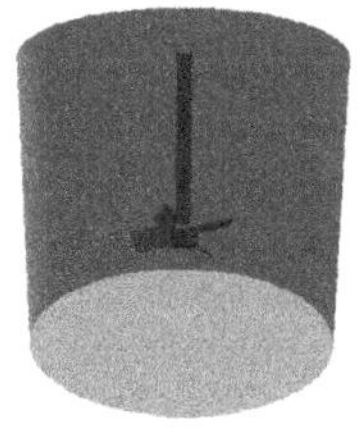

图 4-2　无挡板时搅拌槽模型

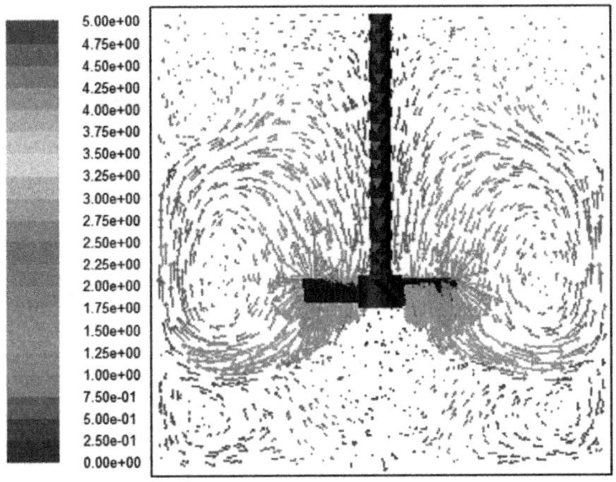

图 4-3　搅拌槽内无挡板时 $Y=0$ 平面的速度(m/s)矢量图

为了进一步分析搅拌槽内轴向、径向、切向速度和剪切率的分布，在搅拌槽垂直方向上选取搅拌槽内离底位置 $Z/H=0.10$、叶轮位置 $Z/H=0.29$ 和搅拌槽顶部 $Z/H=0.85$ 三个平面上 $Y=-150\sim150$ mm 的一条曲线，考察速度和剪切率沿 Y 轴方向的变化。设定轴向速度沿 Z 轴正向时为正，切向速度逆时针方向为正，径向速度由搅拌轴指向槽壁方向为正，则无挡板时搅拌槽内不同高度处的轴向、径向和切向速度分布如图 4-4 所示。

图 4-4(a)为搅拌槽内不同高度处的轴向速度分布。从图中可以看出，

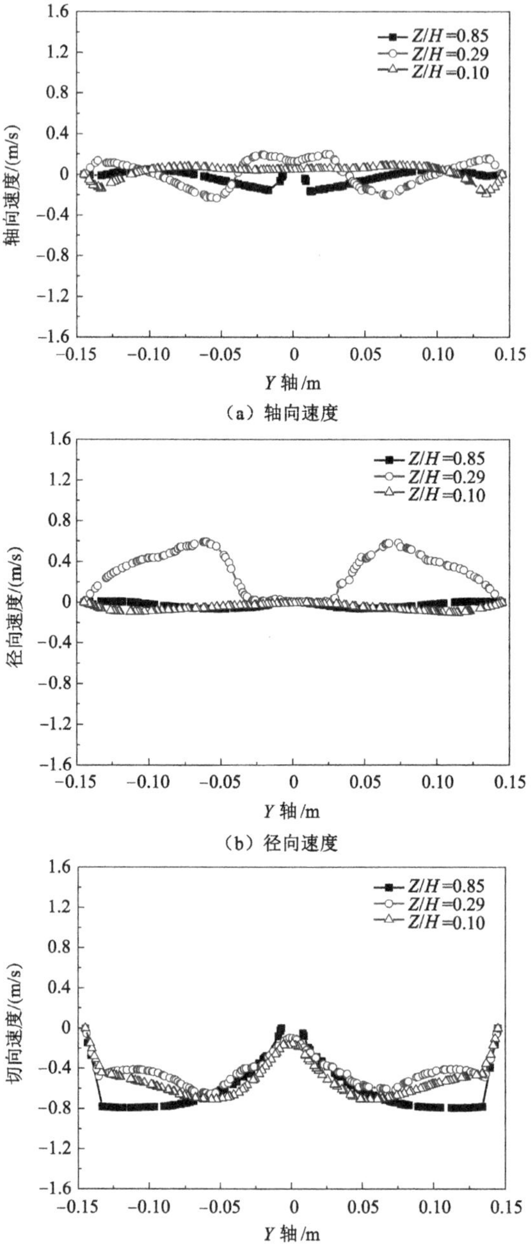

（a）轴向速度

（b）径向速度

（c）切向速度

图 4-4　无挡板时搅拌槽内不同高度处的速度分布

当 $Z/H=0.29$ 时，轴向速度最大值出现在 $Y=\pm 0.05$ m 处，但轴向速度较小，不利于搅拌槽内流体轴向的循环；在 $Y=-0.04\sim 0.04$ m 的范围内，轴向速度为正值，表明流体从叶轮排出后，从叶轮底部中心位置回到叶轮区域，形成一个循环。当 $Z/H=0.10$ 时，搅拌槽内轴向速度基本为零，说明搅拌槽内离底位置轴向速度很低，容易造成颗粒的沉积。当 $Z/H=0.85$ 时，在 $Y=-0.09\sim 0.09$ m 范围内，轴向速度均为负值，且越靠近轴心，速度越大，此时在搅拌槽顶部中心位置形成了一个漩涡，容易造成空气吸入，不利于搅拌能量的输入。

图 4-4 (b)为搅拌槽内不同高度处的径向速度分布。从图中可以看出，当 $Z/H=0.29$ 时，在 $Y=-0.15\sim 0.15$ m 的范围内，径向速度均为正值；径向速度最大值为 0.59 m/s，出现在 $Y=\pm 0.052$ m 也就是叶轮外缘处；在 $Y=-0.035\sim 0.035$ m 的范围内，径向速度基本为零，说明在叶轮中心靠下的位置，物料的径向扩散能力较弱。当 $Z/H=0.10$ 和 0.85 时，径向速度基本分布在 0～−0.15 m/s 的范围内，说明无挡板时，整个搅拌槽内除叶轮边缘位置外其余大部分区域的径向速度均较低，而径向速度过低不利于颗粒和药剂的分散。

图 4-4(c)为搅拌槽内不同高度处的切向速度分布。从图中可以看出，切向速度在三个速度分量中最大，说明无挡板时搅拌槽内以切向速度为主。在三个不同高度位置，切向速度的大小和分布基本一致，轴中心位置处切向速度较小，从中心到槽壁，随着距离的增加，切向速度迅速提高，搅拌槽中部和底部叶轮边缘位置处切向速度较大，搅拌槽顶部靠近壁面位置切向速度较大。

由此可知无挡板时，搅拌槽内的速度以切向速度为主，轴向和径向速度较小，容易在搅拌轴中心形成的漩涡，不利于颗粒的悬浮、药剂的分散和颗粒之间的碰撞。

4.3.1.2　剪切率分布

图 4-5 为搅拌槽内不同高度处的剪切率分布曲线。从图中可以看出，剪切率主要集中在叶轮所在区域，最大值出现在叶轮外部边缘，从叶轮区往外随着距离的增加，剪切率迅速降低，搅拌槽顶部和底部的剪切率都很小。当 $Z/H=0.29$ 时，高剪切率主要分布在水平位置为 $-0.10\sim-0.025$ m 和 $0.025\sim 0.10$ m 的区域；当 Z/H 为 0.10 和 0.85 时，在整个区域内剪切率都较低。

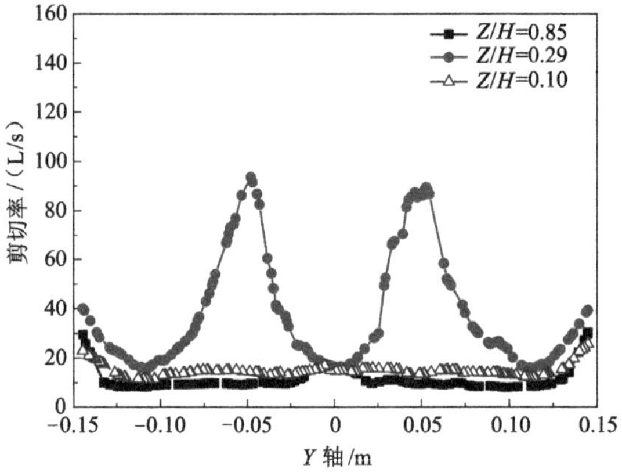

图 4-5　搅拌槽内不同高度处剪切率分布

4.3.2　添加挡板时流场的模拟分析

搅拌操作中，为了消除打漩现象常在搅拌槽内安装挡板。挡板主要有两个作用：第一是削弱搅拌槽内切向流动，提高轴向和径向流动速度；第二是增大流体的湍流强度，提高搅拌效果。添加挡板时，槽内均匀布置 4 块挡板，搅拌槽模型如图 4-6 所示，搅拌槽模型主要结构和操作参数见表 4-1。

图 4-6　添加挡板时搅拌槽模型

4.3.2.1　速度分布

搅拌槽内添加 4 块挡板时 $Y=0$ 平面的速度矢量图如图 4-7 所示。从图中可以看出，受挡板的影响，流体从叶轮排出后，向下沿 60°左右的方向运动，到达搅拌槽底部后转为向上，然后回到叶轮形成循环，呈现出典型的轴向流特征。

与无挡板时的搅拌流场相比，该搅拌槽底部流场的速度得到明显的提高，尤其是槽壁处向上的轴向速度提高明显。轴向速度的提高有利于颗粒的悬浮和流体的轴向循环，同时，挡板的添加削弱了叶轮外缘处的尾涡，使流场中整体速度分布更加均匀。

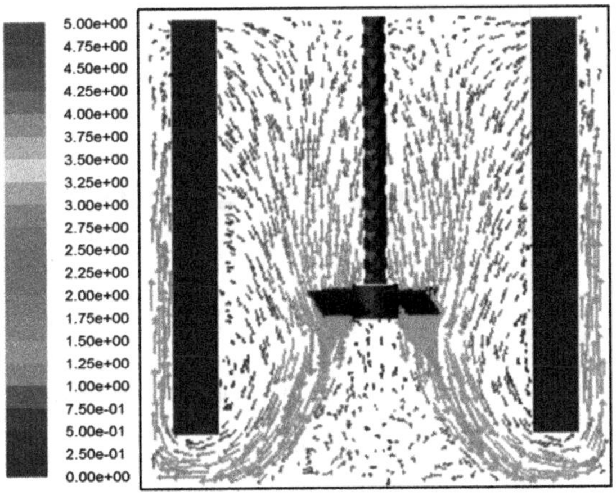

图 4-7 搅拌槽内添加 4 块挡板时 $Y=0$ 平面的速度(m/s)矢量图

图 4-8(a)为搅拌槽内添加 4 块挡板时不同高度处的轴向速度分布。从图中可以看出，添加挡板后，搅拌槽内轴向速度有了明显的提高，与搅拌槽内无挡板时相比，叶轮向下排出流的角度增加，有利于减小叶轮下方的弱搅拌区，防止搅拌桶底部颗粒的沉积。在 Z/H 为 0.10 和 0.29 时，在 $Y=-0.15\sim-0.09$ m、0.09～0.15 m 和 −0.025～0.025 m 的范围内，轴向速度向上，说明在此位置，受挡板的影响，叶轮排出流一部分沿搅拌槽壁面向上，一部分从叶轮底部返回叶轮参与循环。当 $Z/H=0.85$ 时，在整个水平范围内，轴向速度基本为零，说明搅拌槽顶部湍流动能较低，有利于防止液体表面发生吸气现象。

图 4-8(b)为径向速度分布。从图中可以看出，挡板的添加削弱了叶轮区的径向速度，但强化了搅拌槽底部和叶轮中心下方的径向速度，使径向速度分布更加均匀，但在搅拌槽上部区域径向速度较小，说明径向扩散主要集中在叶轮和叶轮以下区域。

图 4-8(c)为切向速度分布。从图中可以看出，除了叶轮区域，其他位置的切向速度均比较小，说明挡板的添加极大地削弱了搅拌槽内的切向速度。添加挡板后，搅拌槽内的速度以轴向速度为主，除叶轮排出流位置以外，其他位置切向速度较小，流场更有利于搅拌槽内颗粒的悬浮和分散。

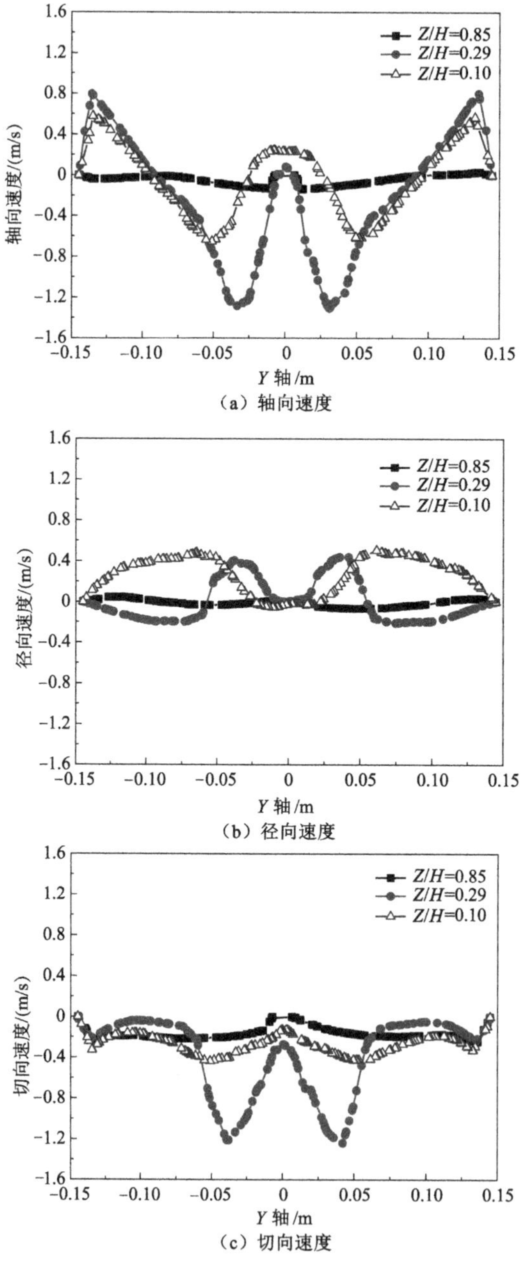

（a）轴向速度

（b）径向速度

（c）切向速度

图 4-8　添加 4 块挡板时搅拌槽内不同高度处的速度分布

4.3.2.2 剪切率分布

图 4-9 为搅拌槽内不同高度处的剪切率分布。从图中可以看出，搅拌槽内添加挡板后，剪切率的作用范围明显增加，除了叶轮区域外，叶轮以下和挡板所在位置也形成明显的剪切。在叶轮区域（$Z/H=0.29$），通过添加挡板，搅拌槽内剪切率最大值从无挡板时的 90 L/s 提高到了 125 L/s，在 $Y=-0.075\sim0.075$ m 的范围内，剪切率均明显提高，说明挡板的添加能显著增加叶轮区剪切率的大小和作用范围。在搅拌槽底部区域（$Z/H=0.10$），受叶轮排出流的影响，在 $Y=\pm0.05$ m 两个位置处剪切率出现峰值，但其他位置处剪切率较小。在搅拌槽上部区域（$Z/H=0.85$），整个水平位置剪切率均比较小。这说明挡板的添加虽然显著增加了叶轮区剪切率的大小和作用范围，但其主要作用范围仍位于叶轮附近，搅拌槽中上部区域的剪切率仍然较低。

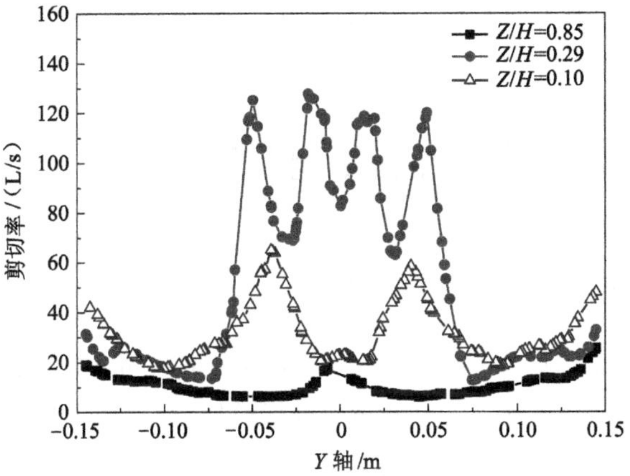

图 4-9 不同高度处剪切率分布

4.3.3 挡板对流场特性的影响

利用 FLUENT 提供的体积积分功能，可得到搅拌槽中体积平均剪切率和体积平均速度。同时，利用 FLUENT 后处理环节中提供的输出力矩值的功能，可以得到搅拌叶轮在 Z 轴（旋转轴）上的力矩值之和 T。

通过搅拌叶轮的力矩，可以求得搅拌过程中叶轮功率消耗：

$$P = T\omega = 2\pi NT \tag{4-1}$$

式中，ω 为搅拌叶轮的角速度，rad/s；N 为搅拌叶轮的转速，r/s。

表 4-2 为挡板添加前后搅拌槽内流场特性参数值。

表 4-2　挡板添加前后搅拌槽流场特性参数

搅拌型式	平均剪切率/(L/s)	平均速度/(m/s)	扭矩/(N/m)	功率/W
无挡板	24.86	0.66	0.38	31.99
4 块挡板	33.02	0.55	0.44	36.84

与无挡板时相比，均匀布置 4 块挡板后，搅拌槽中流体平均速度降低了 16.67%，剪切率提高了 32.82%，叶轮功率消耗增加了 15.16%。通过前期的铝土矿调浆浮选试验可知，搅拌槽中无挡板时，搅拌转速对铝土矿浮选精矿 Al_2O_3 回收率的影响较小，搅拌转速提高，回收率基本保持不变，而挡板的添加却极大地提高了回收率。因此，针对微细粒调浆，提高搅拌槽中流体的剪切率具有重要意义。

4.4　搅拌槽内流场特性的影响因素分析

4.4.1　叶轮转速对流场特性的影响

为了研究叶轮转速对流场的影响，分别选取叶轮转速为 600 r/min、800 r/min、1 200 r/min 和 1 500 r/min 进行模拟，搅拌槽中均匀安装 4 块挡板，除叶轮转速变化以外，搅拌槽模型主要结构和操作参数同表 4-1。

4.4.1.1　速度分布

不同搅拌转速时 $Y=0$ 平面的速度分布如图 4-10 所示。从图中可以看出，当搅拌转速为 600 r/min 时，搅拌槽内流体整体速度较低，叶轮排出流附近流体速度大小为1.25～1.50 m/s；搅拌槽中大部分区域的流体速度介于0.25～0.5 m/s；搅拌槽顶部、挡板附近以及叶轮以下中心位置流体速度较低，在0.25 m/s以下。随着叶轮转速的提高，搅拌槽中流场整体速度逐渐提高。

4.4.1.2　瞬时速度随时间的变化

选取搅拌槽内靠近叶轮边缘附近的一点作为特征点，考察不同搅拌速

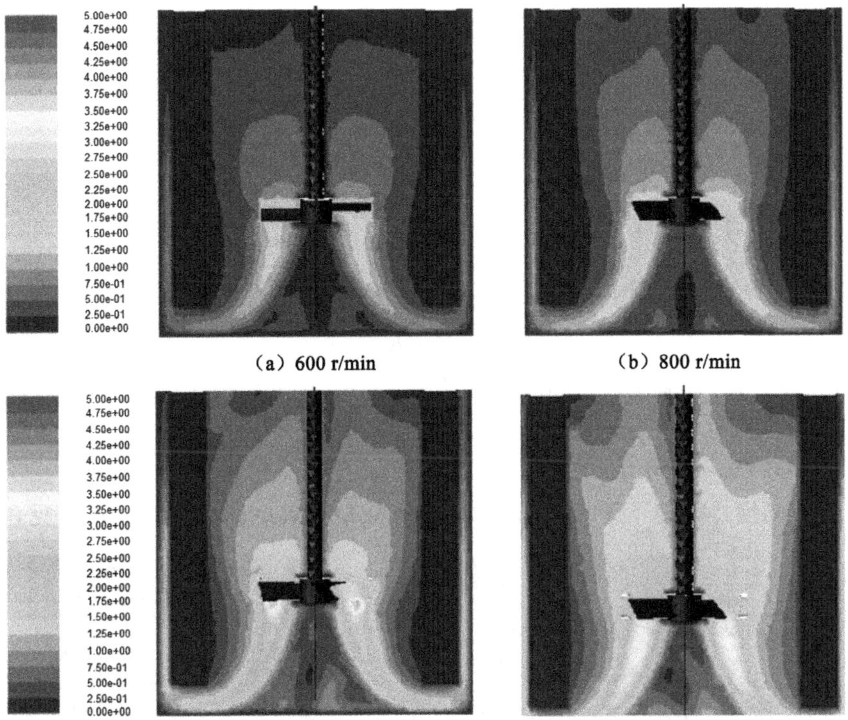

(a) 600 r/min　(b) 800 r/min

(c) 1 200 r/min　(d) 1 500 r/min

图 4-10　不同转速时 $Y=0$ 平面的速度(m/s)分布

度时该点的瞬时速度随着时间的变化，结果如图 4-11 所示。由图可见，当搅拌转速为 600 r/min 时，该点瞬时速度随着时间在 0.55～0.67 m/s 波动。流场中的瞬时速度为时均速度和脉动速度之和，转速为 600 r/min 时，时均速度大小约为 0.61 m/s，脉动速度峰值约为 0.06 m/s，脉动频率为5 Hz左右。随着搅拌转速的提高，流体速度逐渐增加，当搅拌转速为800 r/min时，瞬时速度在 0.70～0.90 m/s 波动，时均速度大小约为 0.80 m/s，脉动速度峰值约为 0.10 m/s。搅拌转速提高至 1 500 r/min 时，瞬时速度在 1.20～1.70 m/s波动，波动的幅度最大，此时时均速度大小约为 1.45 m/s，脉动速度峰值约为 0.25 m/s，脉动频率约为 10 Hz。可见，随着搅拌转速的提高，除时均速度逐渐提高外，脉动速度波动的幅值和频率也逐渐增加。

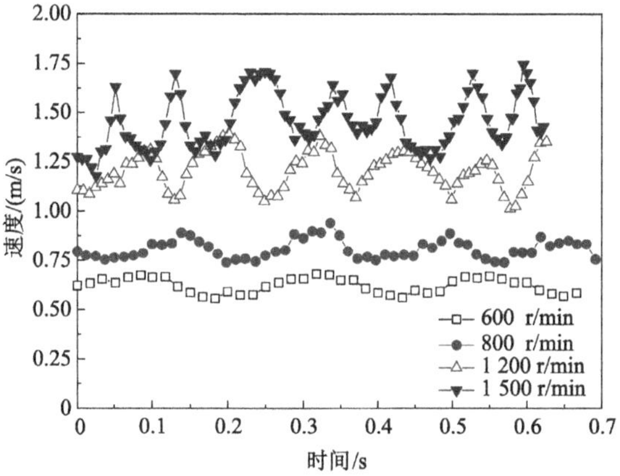

图 4-11　不同搅拌转速时瞬时速度随时间的变化

4.4.1.3　剪切率分布

不同搅拌转速下 $Y=0$ 平面的剪切率分布如图 4-12 所示。由图可见，在

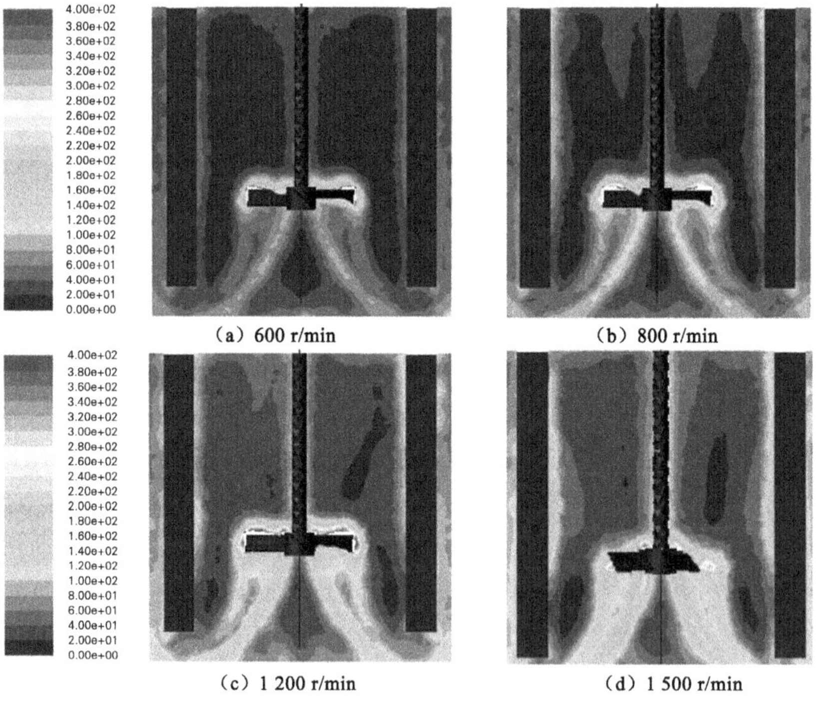

图 4-12　不同搅拌转速下 $Y=0$ 平面的剪切率(L/s)分布

不同的搅拌转速下，剪切率分布均为叶轮附近最高，叶轮以上区域较低；受挡板的影响，挡板附近的剪切率得到了一定的提高；随着转速的提高，叶轮以下叶轮排出流区域和挡板附近的剪切率逐渐提高，但叶轮上部以及叶轮与挡板之间区域的剪切率提高不明显。

为了进一步分析搅拌槽内剪切率的大小和分布规律，取叶轮下方同一高度所在平面作为特征面，分析剪切率在该特征面上沿 Y 轴的分布。不同搅拌转速下的剪切率分布曲线如图 4-13 所示。由图可见，在不同的搅拌转速下，剪切率峰值均位于 Y＝0.025～0.05 m 和 Y＝－0.025～－0.05 m 位置处，也就是叶轮向下排出流所在的位置。在叶轮和挡板的中间，即 Y＝0.065～0.135 m 位置处剪切率较小。在 Y＝0.135 m 位置附近，由于受到挡板作用的影响，剪切率有所提高。而随着搅拌转速的提高，剪切率最大值逐渐增加，说明提高叶轮转速，可以提高叶轮附近剪切率，但剪切率的作用范围基本不变。

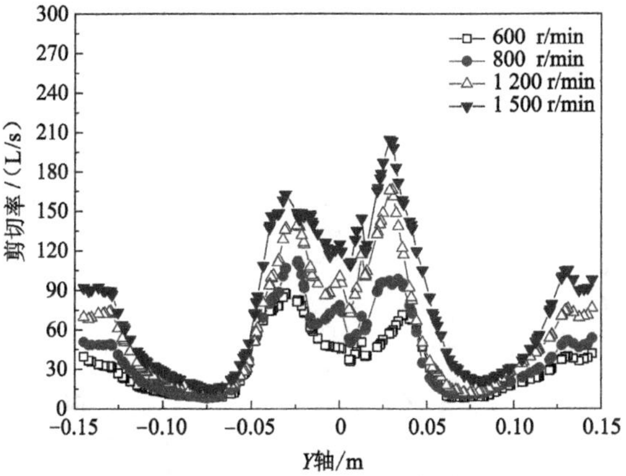

图 4-13　不同搅拌转速时剪切率的分布曲线

4.4.2　叶轮直径对流场特性的影响

分别选取叶轮直径为 90 mm、105 mm、120 mm 和 135 mm 进行模拟。叶轮直径改变时，保持叶轮宽度与叶轮直径之比为 0.20 不变；模拟时搅拌槽中均匀布置 4 块挡板；叶轮转速恒定为 800 r/min；除叶轮尺寸变化以外，搅拌槽模型主要结构和操作参数同表 4-1。

4.4.2.1 速度分布

不同叶轮直径时 $Y=0$ 平面的速度分布如图 4-14 所示。由图可见，当叶轮直径为 90 mm 时，叶轮附近流体与水平方向呈 75°左右向下排出，因此叶轮以下区域混合较好，搅拌槽底部中心流速较低的弱混合区域较小。随着叶轮直径的增加，叶轮排出流的速度逐渐提高，但排出流的角度逐渐减小，当叶轮直径为 135 mm 左右时，叶轮排出流角度减小至 45°左右。由于排出流角度减小，使叶轮中心以下的弱混合区域逐渐扩大。可见，通过增加叶轮直径，可提高搅拌槽内叶轮上方的流场速度，但搅拌槽叶轮中心下方的弱混合区域难以有效消除。

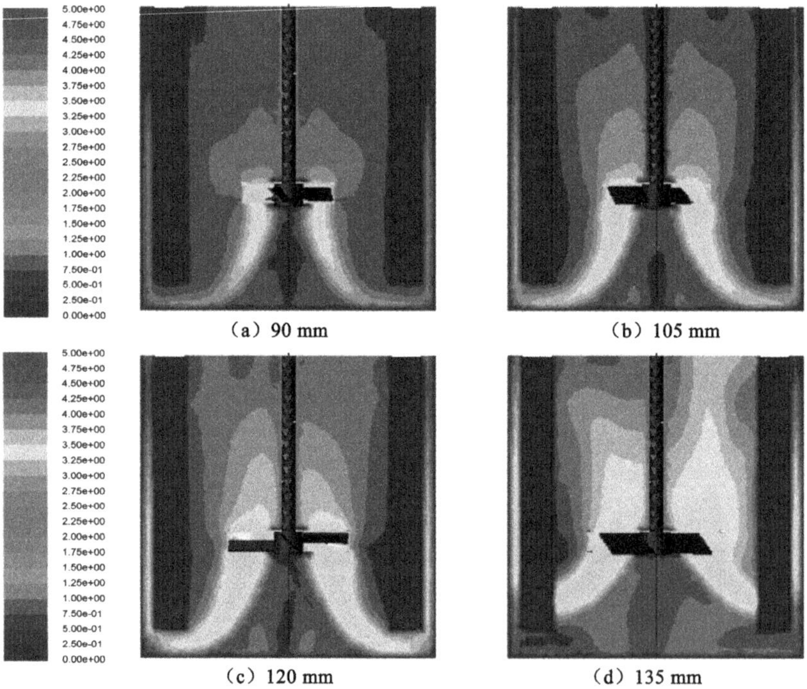

图 4-14 不同叶轮直径时 $Y=0$ 平面的速度(m/s)分布

4.4.2.2 瞬时速度随时间的变化

不同叶轮直径时搅拌槽中瞬时速度随着时间的变化曲线如图 4-15 所示。由图可见，当叶轮直径为 90 mm 时，瞬时速度随着时间在 0.44～0.60 m/s 波动，时均速度大小为 0.52 m/s 左右，脉动速度幅值为 0.08 m/s，脉动频率约为 8 Hz。随着叶轮直径的增加，速度逐渐增加，但脉动速度波动的幅值基本不变。当叶轮直径增加至 135 mm 时，瞬时速度在 1.05～1.35 m/s 波动，平均速度提高至 1.20 m/s，但脉动速度提高较少，脉动速度最大值仅从 0.08 m/s提高至 0.15 m/s。可见，随着叶轮直径的增加，叶轮排出流增加，流体循环速度提高，流场速度更加均匀，流场中整体速度提高，但速度波动的频率增加不明显。

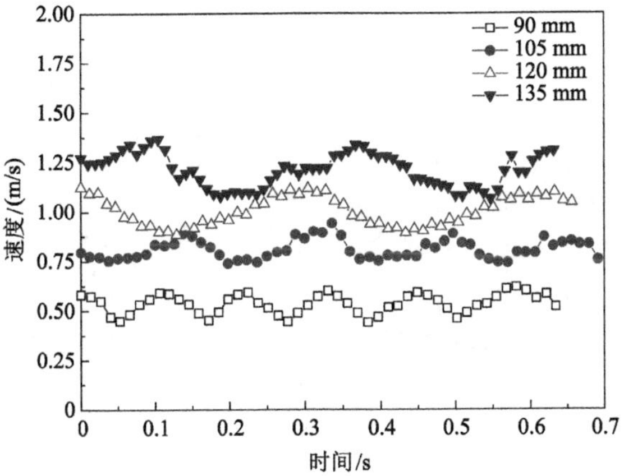

图 4-15　不同叶轮直径时瞬时速度随时间的变化

4.4.2.3　剪切率分布

不同叶轮直径时 $Y=0$ 平面的剪切率分布如图 4-16 所示。由图可见，叶轮直径较小时，剪切率作用范围较小；随着叶轮直径的增加，叶轮附近剪切率作用范围逐渐扩大，但叶轮中心下方的弱剪切率区域范围也逐渐扩大。

不同叶轮直径时的剪切率分布曲线如图 4-17 所示。由图可见，当叶轮直径为 90 mm 时，在 $Y=-0.04$～0.04 m 范围内剪切率较高；随着叶轮直径的增加，剪切率的作用范围逐渐扩大，当叶轮直径为 135 mm 时，剪切率分布均比较高的区域扩大到 -0.10～0.06 m 的范围。可见，增加叶轮直径有利于扩大剪切率作用范围，但剪切率最大值增加不明显。

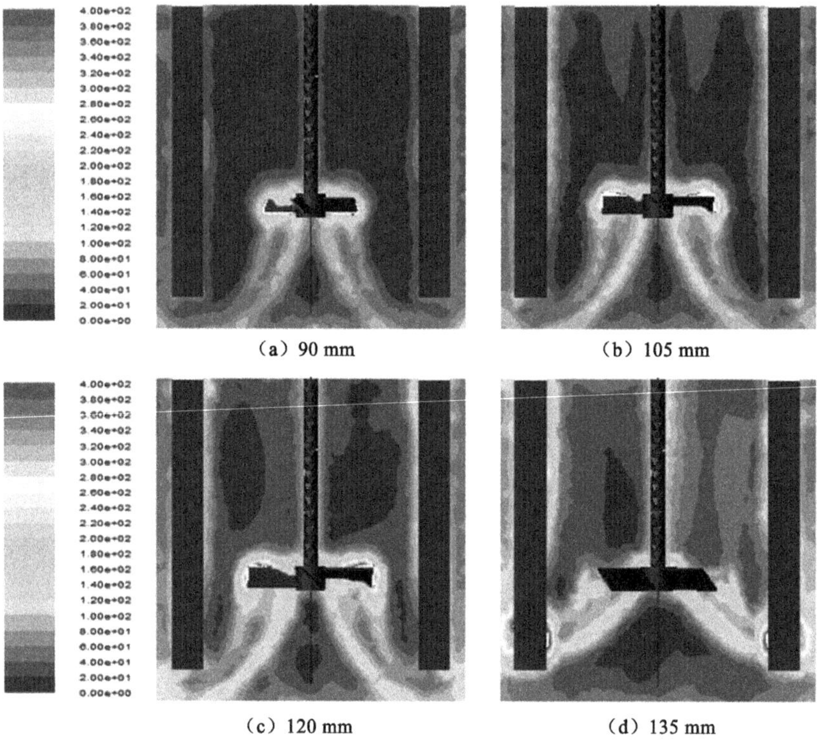

图 4-16　不同叶轮直径时 $Y=0$ 平面的剪切率(L/s)分布

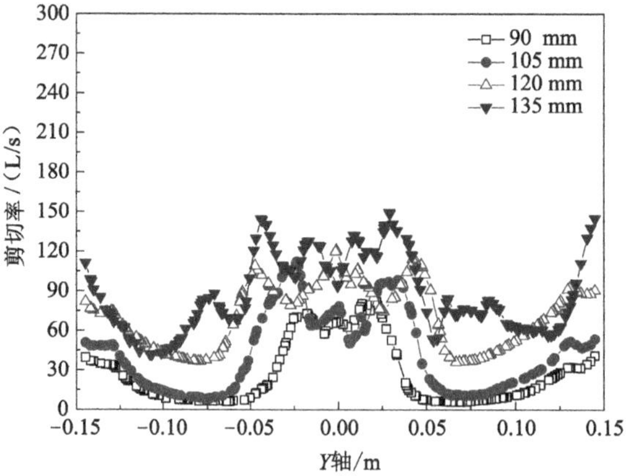

图 4-17　不同叶轮直径时剪切率的分布

4.5 搅拌槽结构设计与优化

通过以上对单轴单层叶轮搅拌流场的模拟和分析可知，搅拌叶轮的高转速有利于提高剪切率，搅拌槽内脉动速度的大小和频率也随着转速的提高而增加，但剪切率的有效作用范围变化不大；大直径叶轮有利于增加剪切率的作用范围，但对搅拌槽整体剪切率影响不大。因此，为了构建高剪切率的流体环境，同时尽可能地提高搅拌槽内脉动速度和频率，提出双轴双层叶轮搅拌型式。这种型式在每根搅拌轴上安装两层叶轮，下层叶轮排出流向上、上层叶轮排出流向下，形成流体之间的相互碰撞，以提高剪切率，同时在搅拌调浆过程中，也能提高颗粒与颗粒之间、颗粒与非极性油类捕收剂之间的碰撞概率，扩大剪切率的作用范围，同时在双轴搅拌下形成不规则的搅拌流场，打破微细颗粒搅拌调浆过程中由于跟随性较好而形成的相对固定的运动轨迹，提高搅拌过程中流体的脉动速度和频率。

4.5.1 数值模拟

由于采用了双轴搅拌，因此与单轴搅拌相比，可以适当减小叶轮直径、提高叶轮转速，以产生强剪切的搅拌流场，同时减少叶轮的功率消耗。

双层叶轮搅拌时搅拌槽模型主要结构和操作参数如表 4-3 所列，搅拌槽模型如图 4-18 所示。

表 4-3 双层叶轮搅拌时搅拌槽模型主要结构和操作参数

序号	名称	参数	序号	名称	参数
1	搅拌槽尺寸/mm	ϕ300×300	6	叶片数目	4
2	叶轮直径/mm	85	7	叶轮层数	2
3	叶轮宽度/mm	17	8	叶轮转速/(r/min)	1 200
4	叶轮角度/(°)	上层 45，下层 −45	9	液面高度/mm	300
5	叶轮离底高度/mm	55	10	挡板数目	4

注：叶轮角度 45°指排出流向下，−45°指排出流向上。

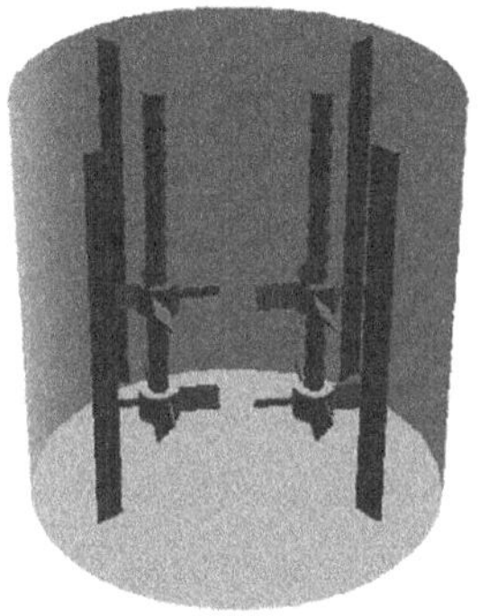

图 4-18　双轴双层叶轮搅拌模型

4.5.2　叶轮层间距对流场特性的影响

双层叶轮搅拌时，叶轮层间距对搅拌槽内流场的分布有重要的影响。为了研究叶轮层间距对搅拌流场的影响，取叶轮层间距 D 与叶轮直径 d 之比分别为 0.76(65 mm)、1.00(85 mm)、1.24(105 mm)进行数值模拟，模拟时两轴旋转方向相同，均为顺时针旋转。

4.5.2.1　叶轮层间距对速度分布的影响

(1) 宏观速度分布

不同叶轮层间距与叶轮直径比时搅拌槽内 $Y=0$ 平面的速度分布如图 4-19 所示。由图可见，叶轮层间距 D 与叶轮直径 d 之比为 0.76 时，同一根轴上下两叶轮之间流体的相互作用比较强烈，搅拌轴和壁面之间的叶轮排

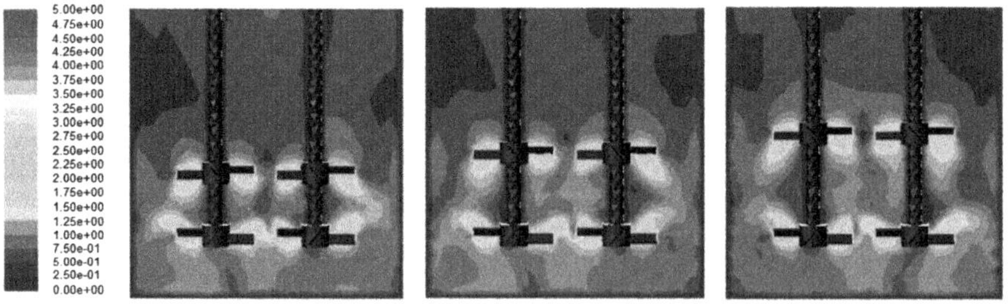

(a) D/d=0.76　　(b) D/d=1.00　　(c) D/d=1.24

图 4-19　不同叶轮层间距与叶轮直径比时 $Y=0$ 平面的速度(m/s)分布

出流相互碰撞后，沿两叶轮中间位置向外排出，而位于两轴之间的流体，除了上下叶轮的相互作用，由于两轴的旋转方向相同，这部分流体还受到水平方向的强制剪切，因此，在两轴之间的叶轮区域形成了一个强剪切、高湍流的流体环境。随着 D/d 值的增加，叶轮之间相互作用范围扩大，但相互影响程度减弱。

(2) 叶轮区速度大小分布

不同叶轮层间距与叶轮直径比时叶轮区速度分布曲线如图 4-20 所示。由图可见，当 $D/d=1.24$，即叶轮之间的间距大于叶轮直径时，叶轮区速度大小及波动较小；随着 D/d 的减小，两叶轮之间的速度逐渐增加。但当 $D/d=0.76$ 时，在 $Y=-0.10\sim0.03$ m 的位置，其速度相对较小，这主要是叶轮间距过小时，两叶轮之间的速度相互抵消，导致速度降低。

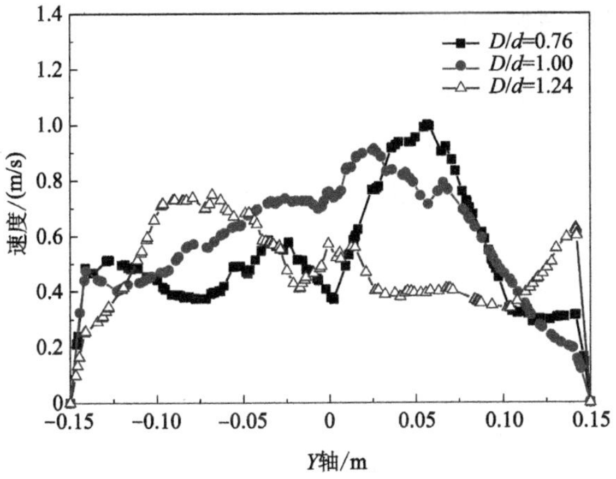

图 4-20 双轴双层叶轮搅拌叶轮区速度分布曲线

4.5.2.2 叶轮层间距对剪切率分布的影响

不同叶轮层间距与叶轮直径比时搅拌槽内 $Y=0$ 平面的剪切率分布如图 4-21 所示。由图可见，叶轮层间距 D 与叶轮直径 d 之比为 0.76 时，两叶轮之间的流体区域剪切率分布比较均匀，但剪切作用范围偏小；叶轮间距 D 与叶轮直径 d 之比为 1.24 时，左右两叶轮形成了明显的剪切，但上下两叶轮的相互作用较小，两叶轮之间出现了明显的弱剪切区域；当叶轮间距与叶轮直径相等时，上下叶轮之间的剪切率分布比较均匀，同时剪切的作用范围

比 $D/d=0.76$ 时有了明显的增加。因此,选择叶轮层间距与叶轮直径相等进行后续模拟。

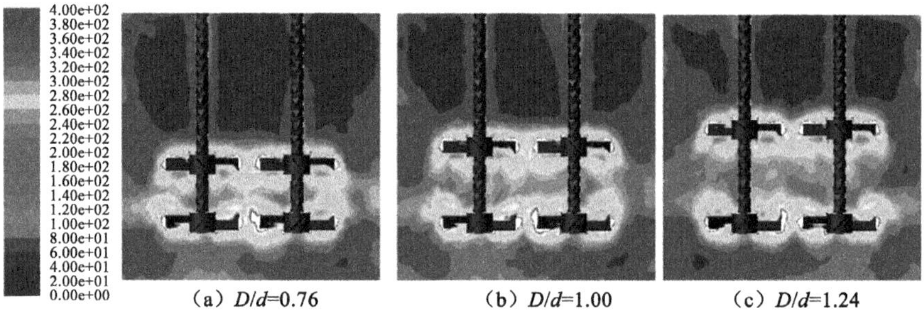

图 4-21 不同叶轮层间距与叶轮直径比时 $Y=0$ 平面的剪切率(L/s)分布

4.5.3 搅拌轴转向对流场特性的影响

双轴搅拌时,搅拌轴的转向不同,搅拌流场会有明显的差异,本小节对双轴同向旋转和反向旋转时的搅拌流场进行模拟分析。当搅拌轴反向旋转时,将上下叶轮互换,以保证叶轮排出流方向不变。

4.5.3.1 速度分布

(1) 宏观速度分布

双轴双层叶轮双轴同向和反向搅拌时的宏观速度分布如图 4-22 所示。

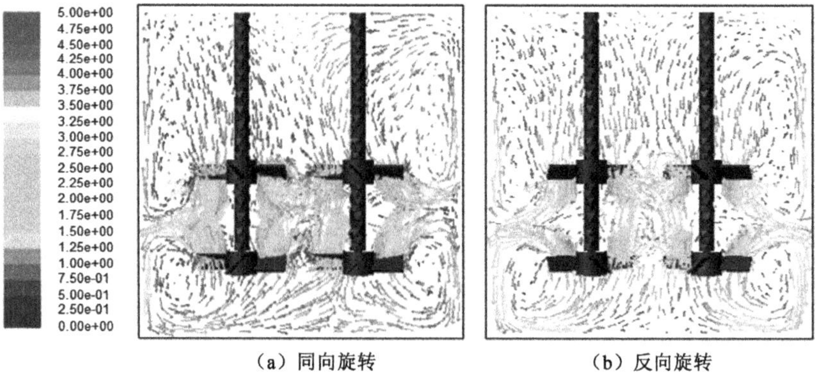

图 4-22 双轴双层叶轮搅拌时速度(m/s)矢量图

由图 4-22 可见,同向和反向旋转时,在每个叶轮的外缘均出现了一个尾涡，其中同向旋转时产生的尾涡较大，反向旋转时上层叶轮尾涡不明显。两叶轮之间的流体受到邻近叶轮的影响，产生明显的碰撞，尤其是在两轴之间的叶轮区域，流场紊乱程度最高，流体出现明显的挤压。同向旋转时，由于两轴的排出流方向相反，两轴之间叶轮区流体的对流碰撞最为强烈，因此两轴之间的流体速度低于反向旋转，同时在搅拌叶轮上部，同向旋转时的流场速度也明显低于反向旋转。

(2) 速度分布曲线

双轴双层叶轮双轴同向和反向搅拌对速度大小分布的影响如图 4-23 所示。由图可见，当双轴同向旋转时，搅拌槽中速度分布为靠近槽壁处速度较高，两轴之间速度较低，且速度最小值位于两轴之间靠近中心的位置；双轴反向旋转时，速度分布基本类似。

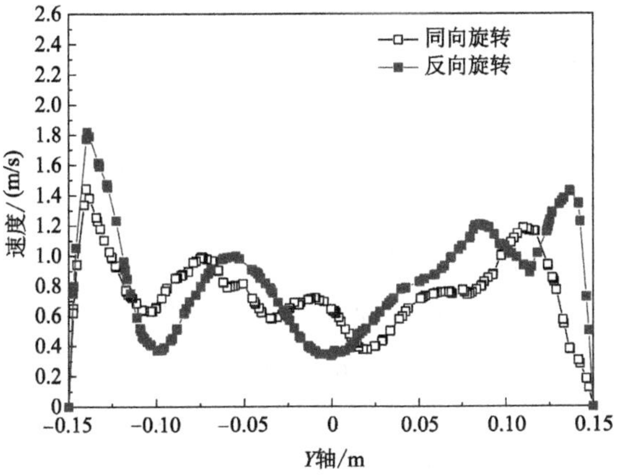

图 4-23 双轴双层叶轮搅拌方向对速度大小分布的影响

(3) 瞬时速度随时间的变化

双轴双层叶轮双轴同向和反向旋转时瞬时速度大小随时间的变化如图 4-24所示。由图可见，双轴同向旋转时，瞬时速度在 0.37～0.87 m/s 波动，时均速度约为 0.60 m/s，脉动速度幅值约为 0.20 m/s；双轴反向旋转时，瞬时速度在 0.37～1.12 m/s 波动，时均速度约为 0.70 m/s，脉动速度幅值为 0.37 m/s。反向旋转时脉动速度大于同向旋转。与单轴旋转相比，双轴旋转时，脉动速度的频率有较大的提高，单轴搅拌 1 500 r/min 时脉动频率约为 10 Hz，而双轴搅拌时脉动频率约为 16 Hz。

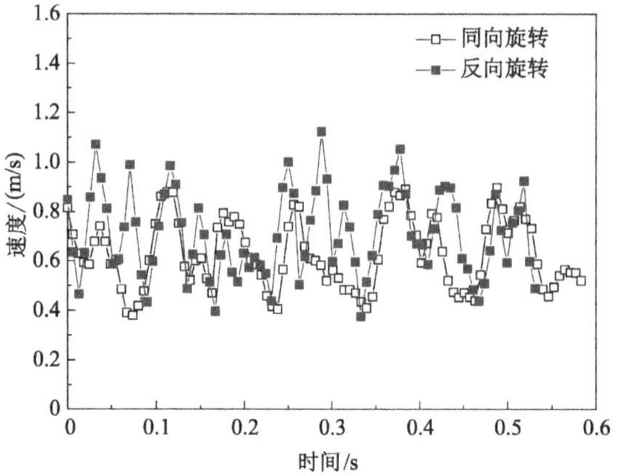

图 4-24　双轴双层叶轮搅拌时瞬时速度随时间的变化

4.5.3.2　剪切率分布

双轴双层叶轮搅拌时 $Y=0$ 平面的剪切率分布如图 4-25 所示。由图可见，同向旋转和反向旋转剪切率的分布型式基本相同，在上下叶轮之间的区域均形成了明显的剪切。双轴同向旋转时，搅拌槽上层叶轮以上和下层叶轮以下区域的剪切相对较弱。反向旋转时，上层叶轮以上区域的剪切也较弱，但下层叶轮以下区域的剪切率得到了明显的提高，同时两叶轮之间的剪切率大小和剪切作用范围大于两叶轮同向旋转。这主要是因为两叶轮同向旋转时，虽然两轴之间叶轮区域的流体相互作用较强，但两轴排出的流体容

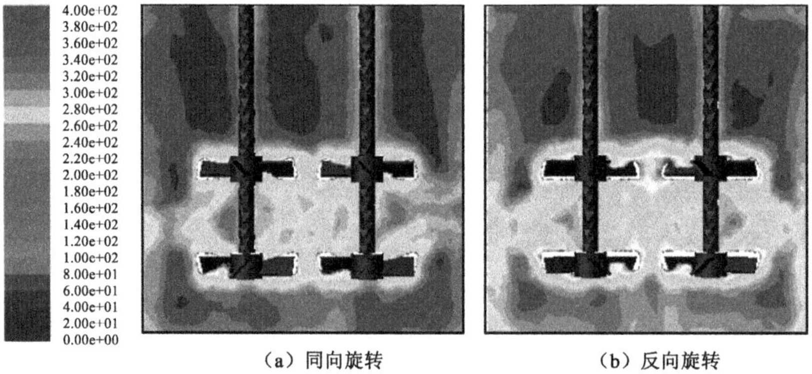

图 4-25　双轴双层叶轮搅拌时剪切率(L/s)分布图

易汇合，沿整个搅拌桶外缘运动，而不进入两轴之间的叶轮区域；而反向旋转时，由于两轴在搅拌槽内的排出流方向相反，相互碰撞混合后，流体强制进入两轴之间的叶轮区域再次混合。

双轴双层叶轮双轴搅拌方向对剪切率分布的影响如图 4-26 所示。由图可见，双轴同向旋转时，在 $Y=-0.75\sim0.25$ m 的区域剪切率较高，最大剪切率为 110 L/s，但其他区域的剪切率较低，说明此时双轴相互作用的区域主要集中在两轴的叶轮之间，其他区域的流体相互作用不明显；反向旋转时，在 $Y=-0.10\sim0.135$ m 的大部分区域内剪切率均较高，说明此时的叶轮排出流相互作用范围较广。

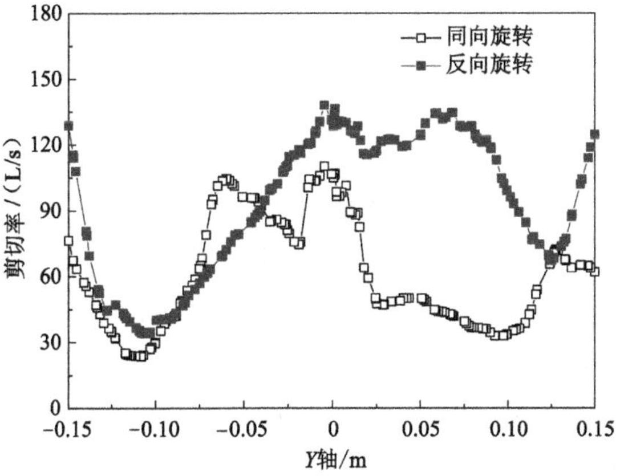

图 4-26 双轴双层叶轮双轴搅拌转向对剪切率分布的影响

4.5.4 不同搅拌型式下流场的综合评价

不同搅拌型式下流场特性参数如表 4-4 所列，可以看出：

(1) 单轴单层叶轮搅拌时，在搅拌功率基本相同的情况下，小直径高转速叶轮可以获得比大直径低转速叶轮更高的剪切率，但湍流动能降低。当叶轮直径 105 mm、搅拌转速为 1 200 r/min 时，叶轮消耗功率比叶轮直径为 135 mm、搅拌转速为 800 r/min 时的叶轮消耗功率低 4.29%，但平均剪切率高 1.85%。可见，当功率消耗基本相同时，采用大直径、低转速的叶轮，可以增大流体循环量和循环速度，但流体受到的剪切作用减小；采用小直径、高转速的叶轮，流体循环量减少，但受到的剪切作用增大。

表 4-4　不同搅拌方式下的流场特性参数

搅拌型式	叶轮直径/mm	转速/(r/min)	最大剪切率/(L/s)	平均剪切率/(L/s)	湍流动能/(m^2/s^2)	叶轮消耗功率/W
单轴搅拌	105	600	6 255.14	25.118	0.029	15.45
	105	800	8 436.38	33.018	0.05	36.84
	105	1 200	12 644.42	49.303	0.106	119.95
	105	1 500	15 812.33	60.171	0.167	233.15
	90	800	7 414.31	27.605	0.027	17.84
	120	800	9 342.00	42.652	0.08	67.99
	135	800	10 696.97	48.390	0.119	125.10
双轴同向	85	1 200	11 708.84	65.909	0.103	194.30
双轴反向	85	1 200	12 508.85	68.975	0.109	206.86

(2) 随着搅拌转速的提高,搅拌槽中最大剪切率和平均剪切率逐渐提高,最大剪切率提高的幅度较明显,平均剪切率提高的幅度较缓,而搅拌叶轮消耗的功率迅速增大,图 4-27 为不同搅拌转速时平均剪切率与叶轮消耗功率的关系。可以看出,转速越高,单位体积剪切率的提高需要消耗的叶轮功率迅速增加,因此,单轴单层叶轮搅拌时依靠提高叶轮转速来提高流体剪切率的效果有限。

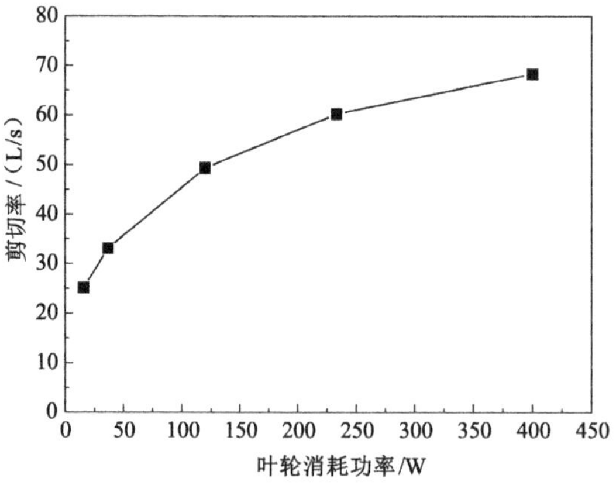

图 4-27　不同搅拌转速的平均剪切率与叶轮消耗功率的关系

(3) 与单层叶轮相比，双轴双层叶轮搅拌时，在功率消耗基本相同甚至略有降低的情况下，剪切率进一步提高。与单轴搅拌叶轮直径 105 mm、转速为 1 500 r/min 相比，双轴反向搅拌时，剪切率提高了 14.63%，而功率消耗减少了 11.28%。

4.6 搅拌桶内煤泥悬浮和药剂分散特性分析

研究搅拌桶内煤泥悬浮和药剂分散对调控调浆过程具有重要意义。本节采用数值模拟的方法对搅拌桶内固-液、液-液流场进行研究，从煤泥悬浮、固-液滑移速度及捕收剂液滴分散等方面进行了讨论。

4.6.1 煤泥悬浮特性

4.6.1.1 密度对煤泥悬浮的影响

首先研究不同密度煤泥在搅拌桶中的悬浮特性。其中，固体颗粒悬浮状态以“颗粒完全离底悬浮判据”作为评价标准，当搅拌桶底部煤泥颗粒的体积分数小于 0.52 时，即认为底部的颗粒已经达到完全悬浮状态。模拟系统设置了 1.2 g/cm^3、1.5 g/cm^3 和 1.8 g/cm^3 三种密度的煤泥颗粒，煤泥颗粒初始体积分数为 5%，平铺于搅拌桶底部。

为研究不同密度煤泥在搅拌桶内达到稳定悬浮状态的时间，采用瞬态模拟方法进行计算，并选取了坐标为 $A(x/X=0.67, y/Y=0, z/Z=0.83)$、$B(x/X=0.67, y/Y=0, z/Z=0.42)$、$C(x/X=0.67, y/Y=0, z/Z=0.08)$的三个监测点提取了煤泥体积分数变化情况，结果如图 4-28 所示。由图可见，不同密度煤泥在三个监测点处的变化趋势基本相同：A 点煤泥体积分数初始为 0，在搅拌 13 s 后开始升高，17 s 以后基本不再发生变化；B 点煤泥体积分数在搅拌 2 s 后开始升高，在 4 s 时达到最大值后又开始降低，在 6 s 后该位置煤泥的体积分数达到基本稳定状态；C 点煤泥体积分数在搅拌开始后迅速降低，然后又逐渐升高后又开始下降，最终在 12 s 后基本稳定。从整体看，搅拌桶内不同监测点位置煤泥体积分数达到稳定需要的时间不同，搅拌桶内 B 点和 C 点处煤泥体积分数达到稳定需要的时间明显短于 A 点，煤泥密度对搅拌桶内颗粒达到稳定悬浮状态所需时间的影响较小。

图 4-29 为调浆搅拌转速为 1 800 r/min 时，提取的搅拌桶 X-Z 截面煤

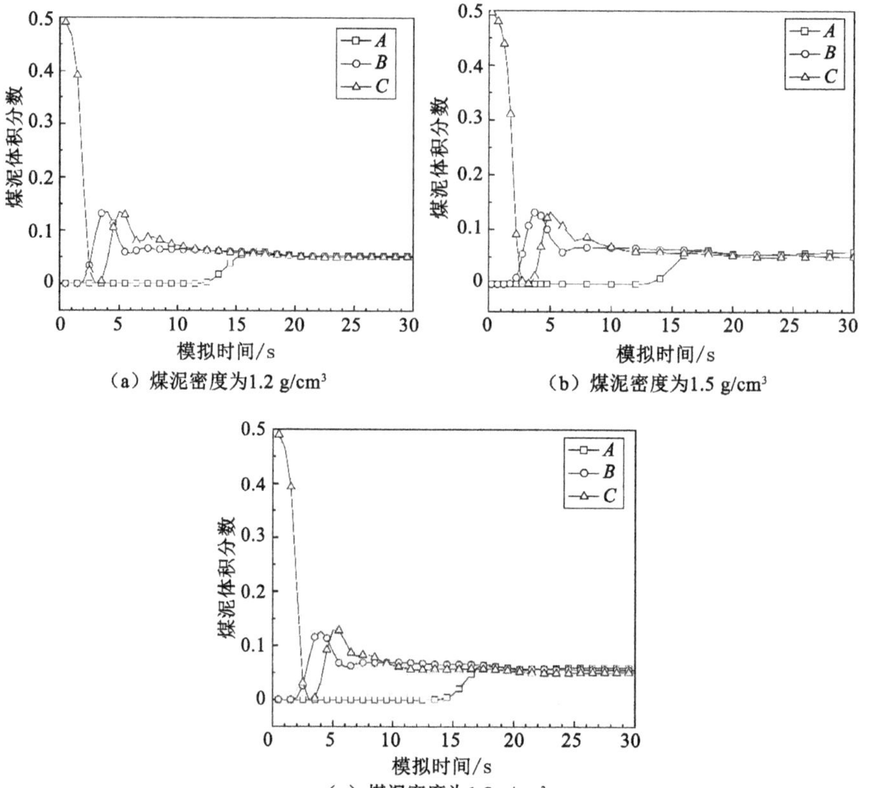

（a）煤泥密度为1.2 g/cm³

（b）煤泥密度为1.5 g/cm³

（c）煤泥密度为1.8 g/cm³

图 4-28　不同密度煤泥体积分数随时间变化情况

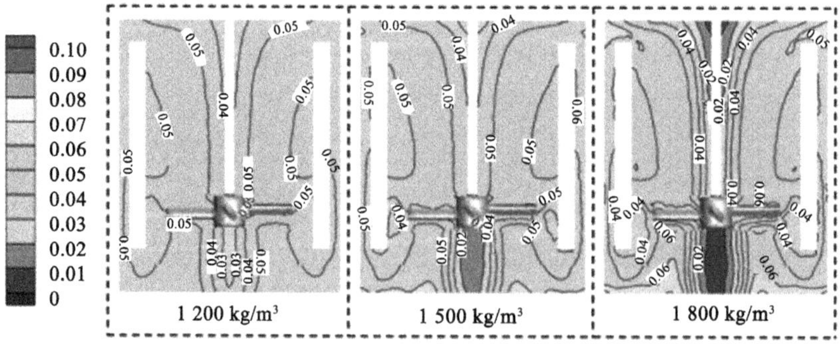

图 4-29　不同密度煤泥的体积分数分布云图

泥体积分数分布云图。由图可见，在搅拌转速为 1 800 r/min 时，不同密度的煤泥在搅拌桶内均能够达到完全离底悬浮状态。煤泥颗粒在流体上、下循环轨迹上的体积分数较高，说明不同密度的煤颗粒均随着流体做随流运动。而在搅拌轴附近和搅拌桨下方区域的煤泥体积分数可以看到明显梯度，且煤泥密度越高，体积分数变化梯度越明显。随着煤泥密度的增加，搅拌桶内的浓度梯度越明显，分散的不均匀程度越高，这说明低密度煤泥分散的均匀性优于高密度煤泥。

提取搅拌桶内不同高度截面上的流场数据通过计算得到的混合不均匀系数，结果如图 4-30 所示。由图可见，随着颗粒密度的增加，搅拌槽内整体混合均匀程度变差，不同高度截面的混合不均匀系数变化趋势相似，尤其在搅拌槽底部 $Z=1$ mm 截面(离底高度为 1 mm 截面)混合不均匀系数变化幅度最大，这也说明固体颗粒在槽底发生聚集。颗粒密度越大，这种聚集现象越明显，造成搅拌桶内煤泥不均匀系数增加。

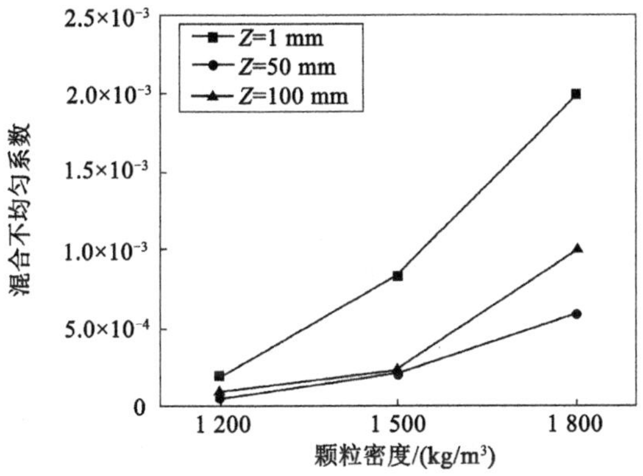

图 4-30　搅拌桶不同高度位置的混合不均匀系数

4.6.1.2　粒径对颗粒悬浮的影响

除密度因素外，煤泥粒径对颗粒悬浮也会产生重要的影响。搅拌转速为 1 800 r/min 时，模拟粒径为 0.045 mm、0.125 mm、0.25 mm 和 0.5 mm 煤泥在搅拌桶内的分布状况。

图 4-31 为搅拌转速为 1 800 r/min 时，不同粒度煤泥在搅拌桶 X-Z 截面的体积分数分布情况。由图可见，煤泥的粒径会严重影响颗粒悬浮状况和分散均匀程度。在调浆转速为 1 800 r/min 时，4 种粒径煤泥均能够达到

完全离底悬浮。但随着粒径的增加，搅拌桶内不同位置煤泥颗粒的体积分数分布梯度越来越明显，粒径为 0.5 mm 时，可以在搅拌桶底部看到不均衡系数大于 2 的红色高浓度区域。这说明 0.5 mm 粒级的煤泥由于重力作用，在搅拌桶底部的分布较多，而粒径为 0.045 mm 的煤泥在搅拌桶内分布均匀，搅拌桶整体煤泥的不均衡系数在 1.0 左右。

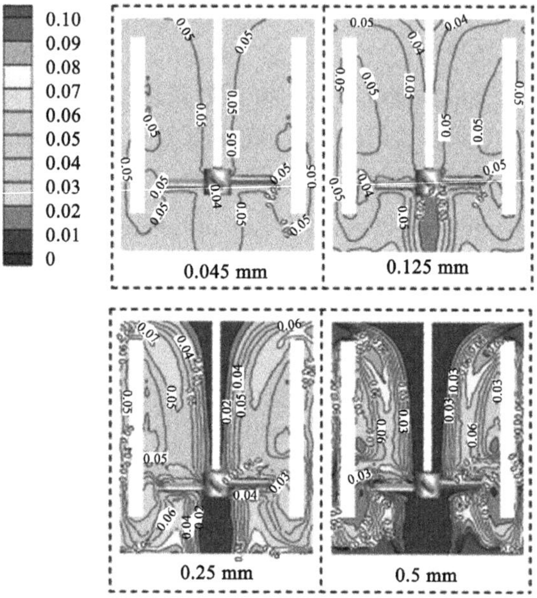

图 4-31　不同粒径煤泥的体积分数分布云图

图 4-32 为不同粒径煤泥在搅拌桶不同高度截面上的混合不均匀系数。由图可见，随着粒径的增加，3 个不同高度截面上煤泥混合不均匀系数均呈增加趋势，说明粒径越大煤泥的混合均匀程度越差；粒径越大，不同高度截面煤泥的混合不均匀系数值差距越大，说明粒径越大煤泥混合越不均匀。尤其在搅拌桶底部 $Z=1$ mm 截面混合不均匀程度变化最为明显，这也说明粗颗粒煤泥更容易在槽底发生聚集现象，导致搅拌桶内煤泥颗粒的均匀程度变差。

4.6.1.3　调浆转速对颗粒悬浮的影响

搅拌转速分别为 800 r/min、1 400 r/min、1 800 r/min 和 2 200 r/min，粒径为 0.25 mm，密度为 1.5 g/cm^3 煤泥在搅拌桶内 X-Z 截面的体积分数

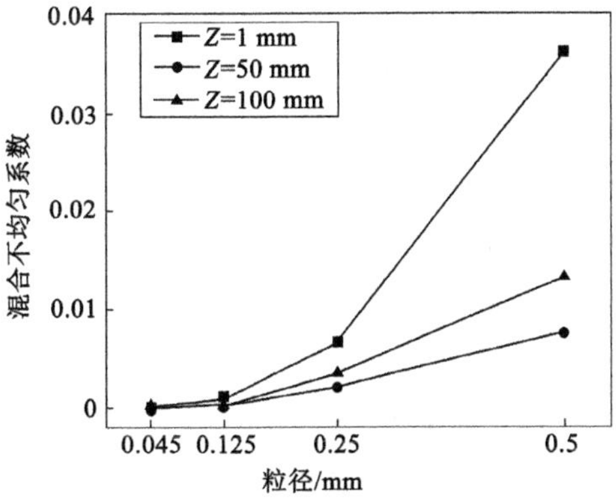

图 4-32 不同粒径煤泥在搅拌桶不同高度位置的混合不均匀系数

分布如图 4-33 所示。由图可见，不同转速下煤泥在搅拌桶内的分散状态存在较大差异。当搅拌转速为 800 r/min 时，搅拌桶底部可以观察到不均衡系

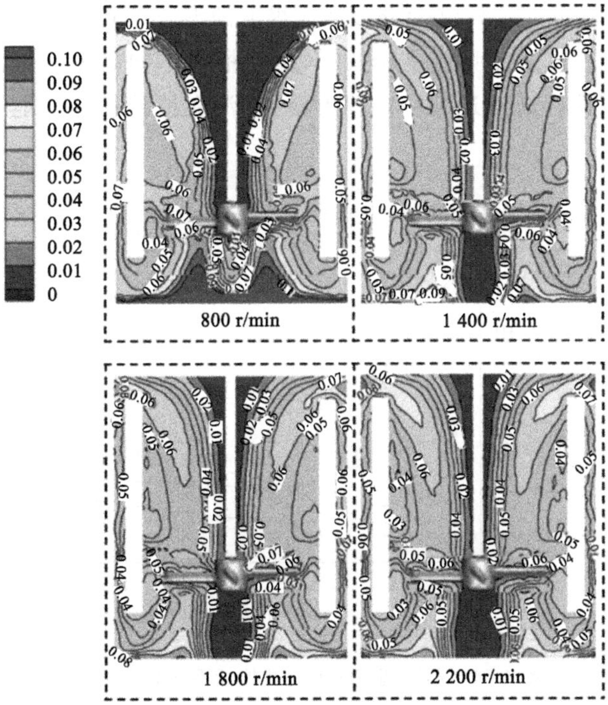

图 4-33 不同搅拌转速下煤泥的体积分数分布云图

数大于 2 的红色双峰状区域，在搅拌桶顶部也可以看到不均衡系数小于 0.2 的漏斗形蓝色低浓度区域，这说明此时搅拌桶内的煤泥颗粒分布均匀性较差，底部煤泥含量高，顶部煤泥含量低。随着搅拌转速的增加，搅拌桶底部的红色双峰状区域消失，在叶轮下方轴心位置产生了一个柱状的不均衡系数小于 0.2 的低浓度区域，搅拌桶顶部的漏斗形蓝色低浓度区域也逐渐向轴心缩小并趋于恒定，这说明随着搅拌转速的增加，流体循环加剧，提高了煤泥在搅拌桶内分散的均匀性。

图 4-34 为不同转速下搅拌桶不同高度截面上煤泥颗粒的混合不均匀系数。由图可见，随着搅拌转速的增加，不同高度截面上煤泥的混合不均匀系数变化规律相同，即先迅速减小，然后趋于稳定。搅拌转速较低时，不同高度位置的煤泥混合不均匀系数差别较大，搅拌桶顶部区域的煤泥混合不均匀系数最大，底部区域次之，中心区域最小，随着搅拌转速的升高，搅拌桶底部和顶部的煤泥不均匀系数差值迅速减小。当搅拌转速从800 r/min增加至 1 400 r/min 时，$Z=100$ mm 截面煤泥的混合不均匀系数由 0.012 迅速降低至 0.003，这说明转速较低时，搅拌桶内不同高度处煤泥浓度差异较大，只有当搅拌转速达到一定程度时，煤泥在搅拌桶内才能达到均匀分散状态。

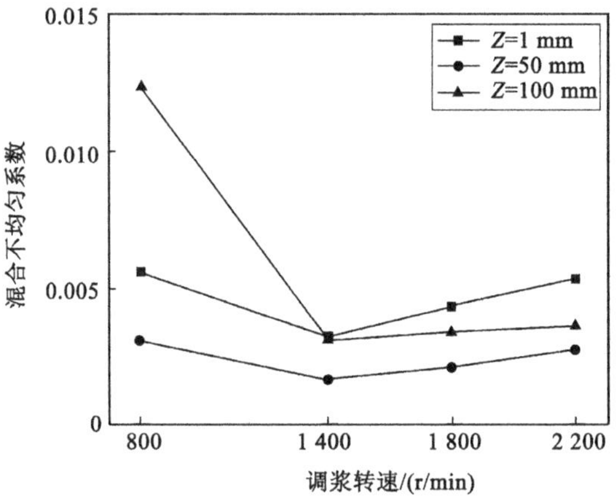

图 4-34　不同调浆转速时搅拌桶不同高度位置的混合不均匀系数

4.6.2 固-液滑移速度

固-液两相滑移速度与调浆过程中的颗粒表面的清洗、颗粒和药剂的碰撞、吸附和解吸密切相关。滑移速度由 M. Ljungqvist 等[154]通过如下公式进行计算：

$$U_{i,\mathrm{slip}}=(U_{i,\mathrm{l}}-U_{i,\mathrm{p}})\cdot\frac{U_{i,\mathrm{l}}}{|U_{i,\mathrm{l}}|} \tag{4-2}$$

式中，$U_{i,\mathrm{l}}$表示流体的速度；$U_{i,\mathrm{p}}$表示颗粒的速度；$U_{i,\mathrm{slip}}$表示滑移速度。滑移速度为正值表示颗粒运动速度小于流体运动速度；反之，则颗粒运动速度大于流体运动速度。

4.6.2.1 颗粒密度对滑移速度的影响

模拟中设置了密度分别为 1.2 g/cm³、1.5 g/cm³ 和 1.8 g/cm³ 的三组煤泥颗粒，搅拌转速为 1 800 r/min，煤泥粒径为 0.5 mm，图 4-35 为搅拌桶不同位置处这三组煤泥颗粒的滑移速度分布。由图可见，固-液滑移速度与颗粒密度密切相关，相同位置不同密度的煤泥颗粒滑移速度不同，同一颗粒不同位置处的滑移速度也不同。煤泥颗粒密度越高，其与流体之间的滑移速度越大。

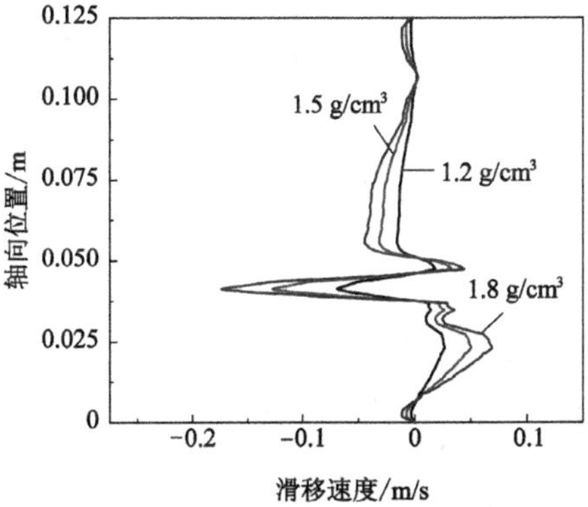

(a) 对应的采样直线XY=35 mm

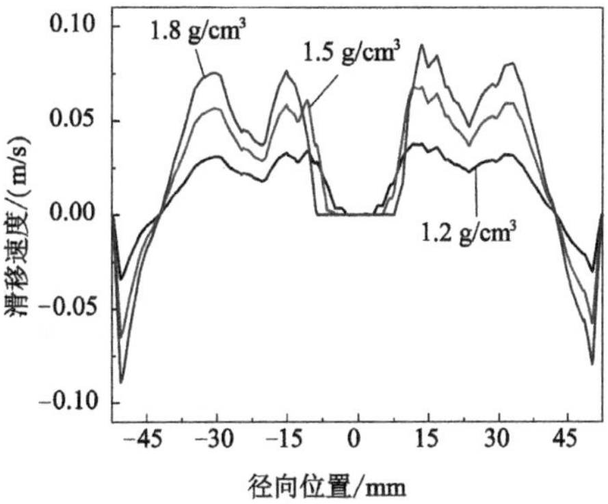

(b) 对应的采样直线Z=25 mm

图 4-35 搅拌桶不同位置处不同密度煤泥颗粒的滑移速度分布

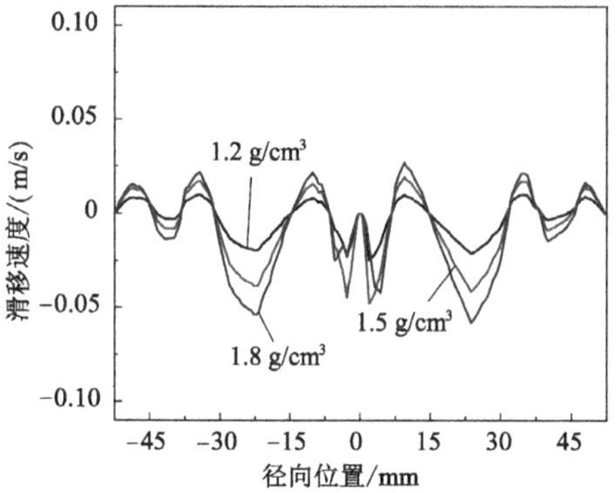

(c) 对应的采样直线Z=50 mm

图 4-35 (续)

4.6.2.2 颗粒粒径对滑移速度的影响

设置调浆转速为 1 800 r/min,煤泥颗粒密度为 1.5 g/cm^3,不同粒径条件下搅拌桶不同位置处煤泥颗粒的滑移速度分布如图 4-36 所示。由图可见,随着颗粒粒径的增加,滑移速度迅速增加。

从图 4-36(a)中可以看出,在颗粒粒径从 0.125 mm 增加到 0.5 mm 时,煤泥颗粒滑移速度最大值从 0.024 m/s 迅速增加到 0.12 m/s,说明粗颗粒与流体之间产生的速度差更显著,细颗粒由于自身重力较小,更趋向于随流体运动。

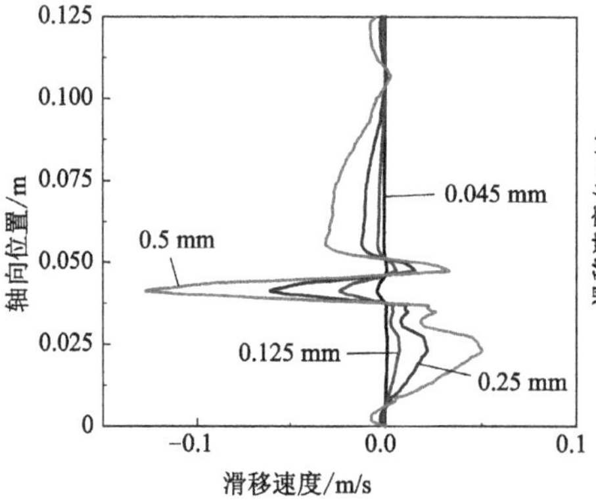

(a) 对应的取样直线XY=35 mm

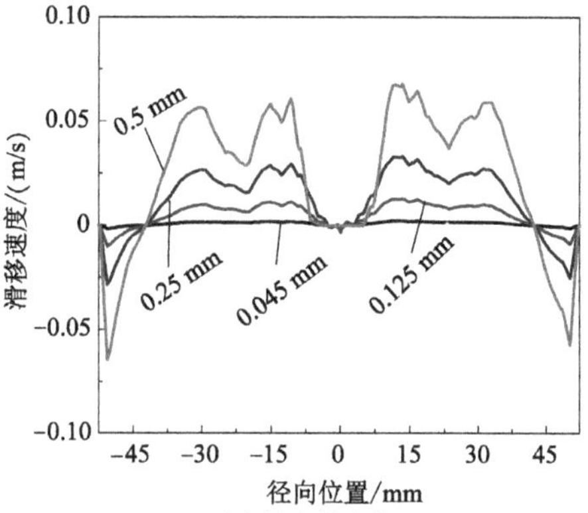

(b) 对应的取样直线Z=25 mm

图 4-36 搅拌桶不同位置处的滑移速度分布

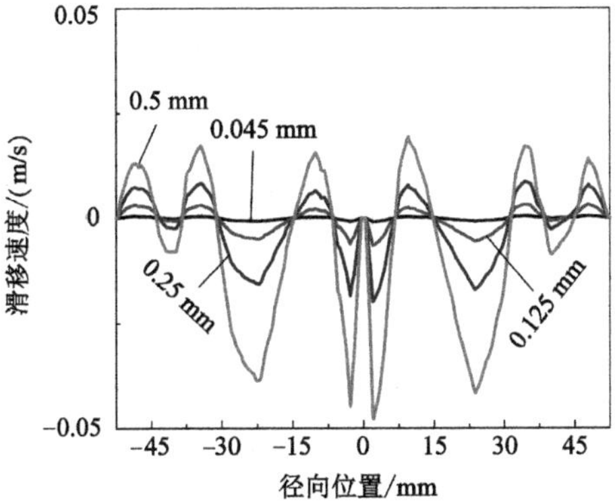

(c) 对应的取样直线Z=50 mm

图 4-36 （续）

4.6.2.3 调浆转速对滑移速度的影响

设定煤泥颗粒密度为 1 500 kg/m^3，颗粒粒径为 0.25 mm，搅拌桶不同位置处煤泥颗粒的滑移速度分布如图 4-37 所示。由图可见，不同叶轮转速下固-液两相的滑移速度分布规律基本相同，随着叶轮转速的不断提高，颗粒滑移速度逐渐增加。

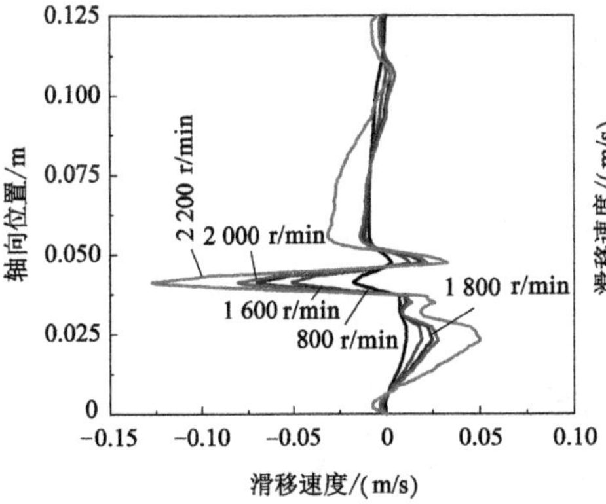

(a) 对应的取样直线XY=35 mm

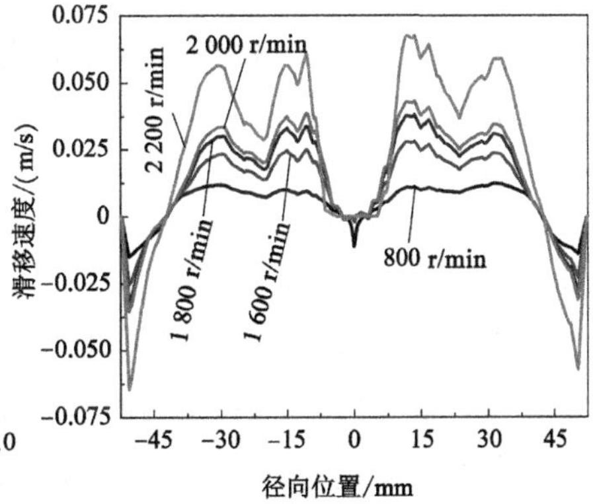

(b) 对应的取样直线Z=25 mm

图 4-37 搅拌桶不同位置处煤泥颗粒的滑移速度分布

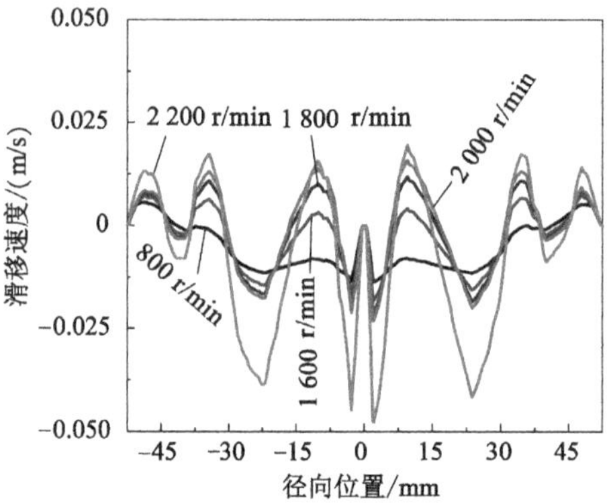

(c) 对应的取样直线Z=50 mm

图 4-37 (续)

4.6.3 液滴分散特性

4.6.3.1 加药点位置的影响

加药点的位置会对药剂的分散状况产生影响，进而影响调浆效果。因此，本节选取了搅拌桶内三个不同位置：A($x/X=0.57, y/Y=0, z/Z=0.96$)、B($x/X=0.57, y/Y=0, z/Z=0.42$)和 C($x/X=0.57, y/Y=0, z/Z=0.17$)作为加药点，加药点位置示意如图 4-38 所示。

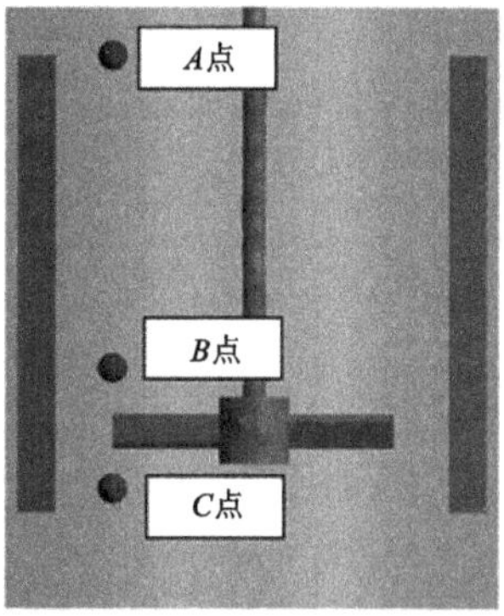

图 4-38 加药点位置示意图

假定搅拌开始时药剂处于设定的加药位置，药剂液滴为球形，液滴直径为 5 mm，搅拌转速为 1 800 r/min。

在上述初始条件下，模拟计算了三个不同位置加入捕收剂时，搅拌桶内的药剂分散。

加药点位置为 A 点时，不同时间条件下搅拌桶 X-Y 截面的药剂体积分数分布云图如图 4-39 所示。由图可见，随着搅拌过程的进行，药剂在流场中逐渐被分散，但加药点位于搅拌桶上部靠近液面的位置时，药剂分散速度较慢，25 s 后药剂在搅拌桶中的分布才趋于平衡。

加药点位置为 B 点时，不同时间条件下搅拌桶 X-Y 截面的药剂体积分

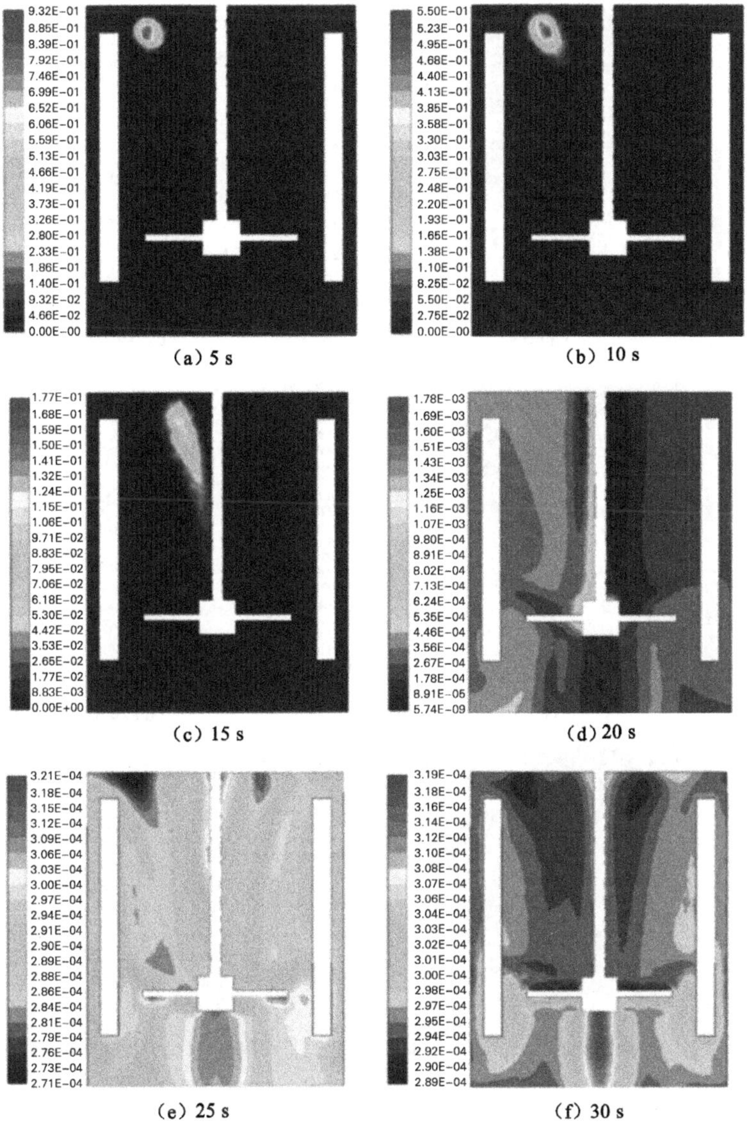

图 4-39 加药点 A 不同时刻药剂体积分数分布云图

数分布云图如图 4-40 所示。由图可见,加药点位置为 B 点时,药剂分散过程比 A 点时变快,药剂在叶轮搅拌作用下沿轴向和径向迅速分散至搅拌桶的底部和中上部的桶壁边缘。受搅拌桶内流体循环的影响,搅拌初始阶段,药

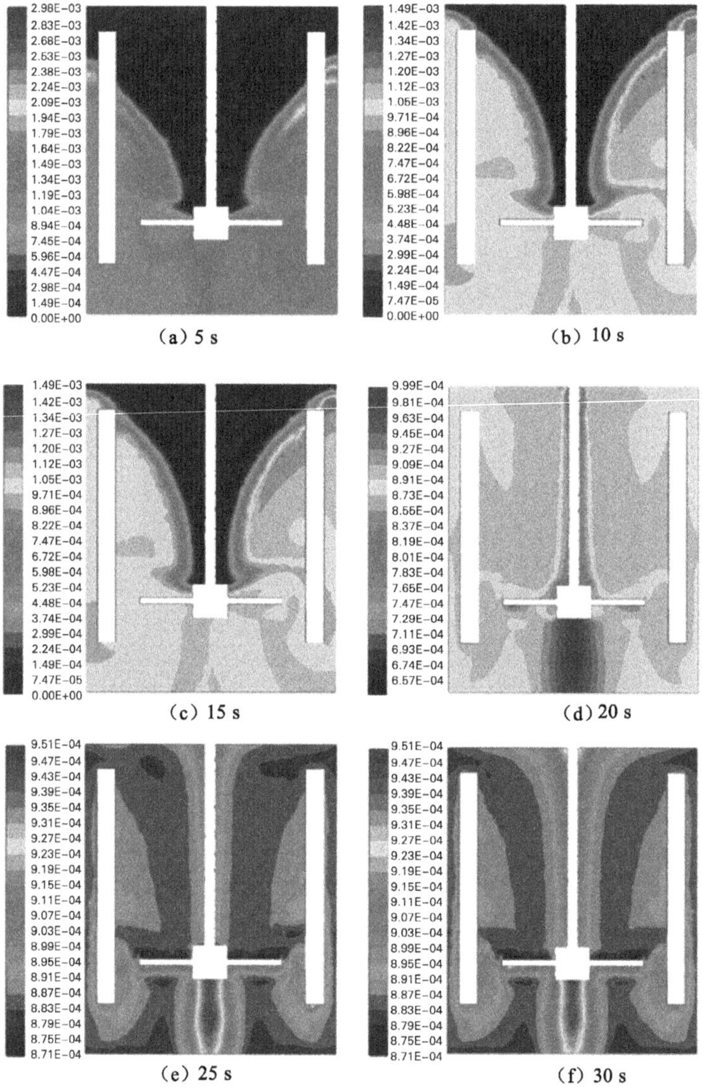

图 4-40　加药点 B 不同时刻药剂体积分数分布云图

剂分散不均匀，会在叶轮上方形成一个漏斗形的低浓度区域。随着搅拌时间的增长，受挡板和流场的影响，漏斗形低浓度区域不断减小，药剂分散变均匀。当搅拌时间为 20 s 时，搅拌桶 X-Y 截面上药剂的体积分数分布差异较小。25 s 以后，药剂在搅拌桶内的分散已经基本趋于稳定。

图 4-41 为加药点位置为 C 点时，不同时间条件下搅拌桶 X-Y 截面的药剂体积分数分布云图。由图可见，当加药点位置为 C 点时，药剂分散过程与加药点位置为 B 点时相类似，药剂首先在叶轮搅拌作用下，沿径向和轴向在搅拌桶底部和中上部桶壁附近分散，搅拌初始阶段也形成了漏斗形的药剂低浓度区域，但相比 B 点加药，加药点位于叶轮下方时，药剂分散更快，分散后趋于稳定需要的时间更短。

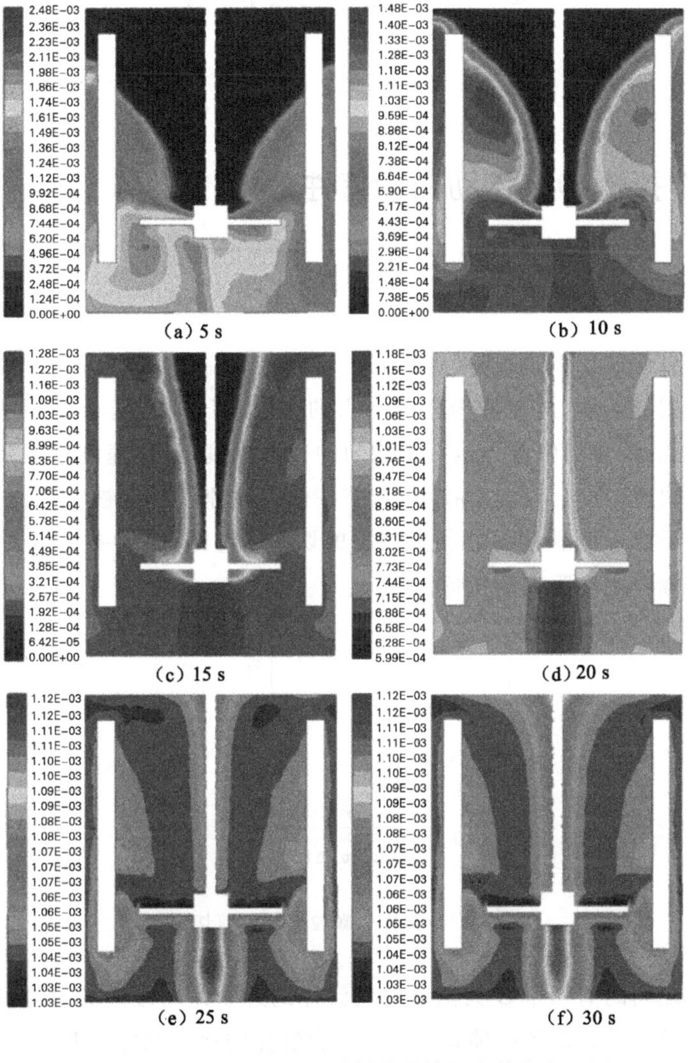

图 4-41　加药点 C 不同时刻药剂体积分数分布云图

5 浮选调浆机理

5.1 搅拌槽中流体动力学特性分析

5.1.1 湍流剪切率

矿物分选过程中，搅拌槽内的流场通常处于湍流状态，湍流时流场中流体做不规则的运动，搅拌槽内任意一点的速度和压力均随着时间呈现高频脉动。因此，湍流场中流体具有不均匀的速度梯度，流体速度梯度随着时间和位置而快速脉动。在混合技术中，某一位置的速度梯度被定义为剪切率。图 5-1 为颗粒 A 和颗粒 B 在搅拌槽中剪切率示意图，剪切率为 A、B 颗粒的速度差与颗粒之间距离的比值。

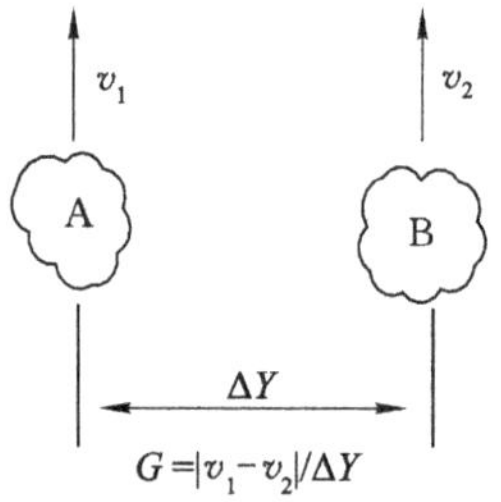

图 5-1　搅拌槽中颗粒之间的剪切率

流体之间的剪切率 G 为两点之间流体的速度差与距离的比值，同时，还可以通过单位质量流体的能量耗散率 ε 和流体的运动黏度 υ 来表示[147]。

$$G = (\varepsilon/\upsilon)^{1/2} \tag{5-1}$$

搅拌槽内流体的湍流脉动可以看作是一系列不同尺度的涡旋共同作用的结果[147]。搅拌能量由大尺度涡旋逐级传递给小尺度涡旋，直至最小的柯尔莫哥洛夫(Kolmogorov)微尺度涡旋，该涡旋的雷诺数为1。涡旋平均尺寸称为湍流内尺度 λ，λ 可以表示为[147]：

$$\lambda = (\upsilon^3/\varepsilon)^{1/4} = G^{-1/2}\upsilon^{1/2} \tag{5-2}$$

根据涡旋尺寸，搅拌槽湍流区域可以分为湍流惯性区和湍流黏性区，黏性区的涡旋尺寸小于 Kolmogorov 内尺度，在惯性区涡旋尺寸大于 Kolmogorov 内尺度。在黏性区内，涡旋的动能部分转化为机械能，部分由于流体的黏性摩擦转化为热能而被耗散。

搅拌槽中不同剪切率时的湍流内尺度如图5-2所示。由图可见，当剪切率超过8 000 L/s时，λ 随着剪切率的提高变化较小，λ 最小值在10 μm左右。

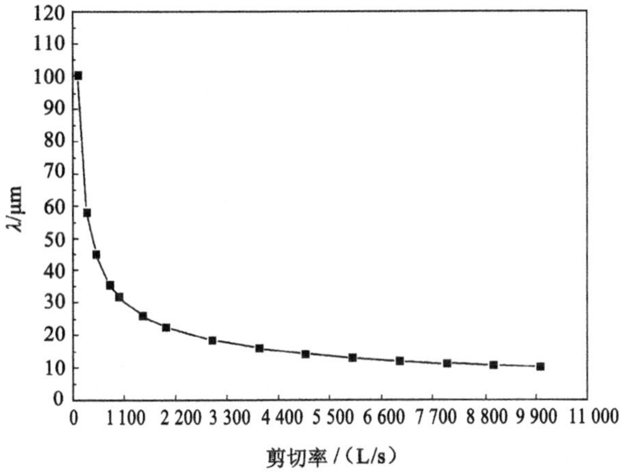

图5-2 不同剪切率时的湍流内尺度

5.1.2 湍流能量耗散

搅拌槽内湍流能量耗散极不均匀，叶轮区体积小，但能量耗散率高，搅拌能量大部分耗散在叶轮区域。根据搅拌槽内流场特性不同，搅拌槽可以被分为多个区域，如两区模型、三区模型和多区模型等。叶轮三区模型如图5-3所示。

将搅拌槽中叶轮顶端区和叶轮区合并，就可以得到两区模型，对于两区

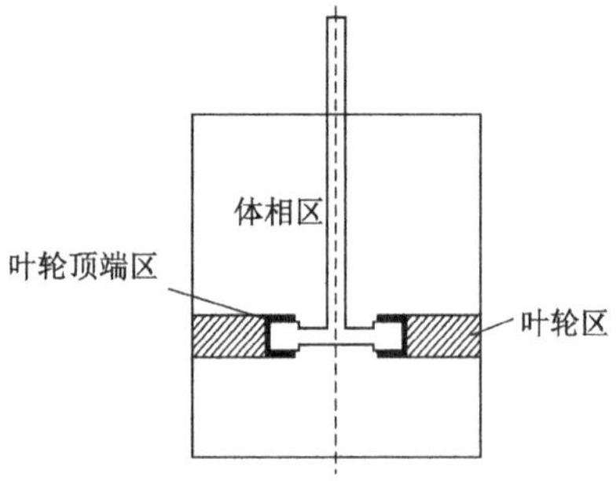

图 5-3　搅拌槽三区模型

模型有：

$$V_A + V_B = 1 \tag{5-3}$$

$$V_A \varepsilon_A + V_B \varepsilon_B = \bar{\varepsilon} \tag{5-4}$$

式中，V_A为叶轮区所占的体积分数；V_B为体相区所占的体积分数；ε_A为叶轮区局部能量耗散率；ε_B为体相区局部能量耗散率；$\bar{\varepsilon}$为搅拌槽平均能量耗散率。

通过对搅拌槽数值模拟和计算得出两区模型时叶轮直径为 105 mm、叶轮转速为 1 200 r/min 时单轴单层叶轮搅拌和叶轮直径为 85 mm、叶轮转速为 1 200 r/min 时双轴双层叶轮搅拌的湍流动能耗散率，如表 5-1 所列。

表 5-1　不同搅拌方式时搅拌槽内湍流动能耗散率

区域	单轴单层叶轮		双轴双层叶轮	
	体积分数/%	湍流动能耗散率/(m^2/s^3)	体积分数/%	湍流动能耗散率/(m^2/s^3)
叶轮区	10.67	18.78	19.33	16.06
体相区	89.33	0.54	80.67	0.92
平均	100.00	2.49	100.00	3.85

由表 5-1 可见，单轴单层叶轮搅拌时，能量耗散主要集中在叶轮区域，体相区湍流动能耗散率较小；双轴双层叶轮搅拌时，湍流动能耗散率大于单轴单层叶轮搅拌，说明双轴搅拌在同样的叶轮转速下有更高的湍流动能耗散能力，同时双轴搅拌时湍流耗散率更加均匀，体相区的湍流动能耗散率也明

显增加，有利于提高整个搅拌槽的作用效果。

5.1.3 搅拌槽循环和剪切特性分析

调浆过程中颗粒的性质不同要求相应的流体运动状态也不同。对于密度较大的粗颗粒，调浆过程中需保证颗粒的悬浮；对于粒度小的微细颗粒，调浆过程中颗粒容易随流体运动，需要一定的剪切。因此根据搅拌调浆过程的需要，对各种叶轮直径和转速下形成的流体运动状况进行分析。

搅拌过程中，叶轮消耗的功率，一部分用于流体的循环，另一部分用于流体的剪切，剪切力大小可采用压头表示。

对于几何相似的叶轮，叶轮的排液量 Q 与叶轮直径 d 和叶轮转速 N 之间的关系为[156]：

$$Q \propto Nd^3 \tag{5-5}$$

压头 H 与叶轮直径 d 和叶轮转速 N 之间的关系为：

$$H \propto N^2 d^2 \tag{5-6}$$

由

$$P \propto QH \propto N^3 d^5 \tag{5-7}$$

$$\frac{Q}{H} \propto \frac{d}{N} \tag{5-8}$$

得到：

$$Q/H \propto d^{\frac{8}{3}} \text{ 或 } Q/H \propto P^{\frac{1}{5}}/N^{\frac{8}{5}} \tag{5-9}$$

因此，当功率一定时，

$$Q/H \propto d^{\frac{8}{3}} \text{ 或 } H/Q \propto N^{\frac{8}{5}} \tag{5-10}$$

由式(5-10)可以看出，当功率消耗相同时，采用大直径、低转速的叶轮，可以增大流体循环量和循环速度，但流体受到的剪切作用减小；采用小直径、高转速的叶轮，流体循环量减少，但受到的剪切作用增大。因此，在调浆过程中，可以通过适当调整叶轮直径和转速，来合理分配搅拌叶轮功率消耗。

5.1.4 颗粒的悬浮

固体颗粒的悬浮状况与搅拌功率、叶轮型式、矿浆浓度和物料性质等因素有关。Lima 等[156]研究发现，搅拌器结构尺寸、固体颗粒浓度、固体颗粒粒径、固-液两相的密度差等是影响颗粒悬浮的主要因素，据此提出完全离底悬浮临界转速关联式：

$$N_c = Kd^{-0.85} d_p^{0.2} X^{0.13} \upsilon^{0.1} \left| g \frac{\rho_p - \rho}{\rho} \right|^{0.45} \tag{5-11}$$

式中，N_c为完全悬浮临界转速，r/s；K 为常数；d 为搅拌器直径，m；d_p 为固体颗粒直径，m；X 为固-液质量比乘上 100；υ 为液体运动黏度，m^2/s；ρ_p 为固体颗粒的密度，kg/m^3；ρ 为液体的密度，kg/m^3；g 为重力加速度，m/s^2。

Zwietering 等[157]提出了半工业浮选槽中颗粒悬浮的临界转速关联式：

$$N_{jsg} = K_{SL} d_p^{0.33} X^{0.17} (\upsilon/\upsilon_w)^{0.05} \left(\frac{\rho_s - \rho_L}{\rho_L}\right)^{0.70} (1 + K_G Q_{GV}) \tag{5-12}$$

式中，N_{jsg}为临界叶轮转速，r/s；K_{SL}为常数；d_p 为固体颗粒直径，m；X 为固体质量百分含量；υ 为矿浆运动黏度，m^2/s；υ_w为水的运动黏度，m^2/s；ρ_s为固体颗粒的密度，kg/m^3；ρ_L为液体的密度，kg/m^3；K_G为常数；Q_{GV}为表观充气速率，VVM/min。

从上面的经验公式可以看出，在搅拌过程中，影响颗粒悬浮的因素较多，搅拌器结构和操作参数以及颗粒性质不同时其离底悬浮状况也不同。为了使不同搅拌型式下搅拌槽中颗粒均处于离底悬浮状态，考虑将颗粒的干扰沉降末速度与搅拌槽中底部轴向脉动速度之差作为依据，当底部轴向脉动速度大于颗粒干扰沉降末速度时，即可保证颗粒的离底悬浮。

由于搅拌槽湍流中一定时间 T 内任意一点垂直方向上的实际运动速度 u 表现为流体垂直方向平均速度$\overline{u}$和与之叠加的垂直方向附加脉动速度 u'之和，即：

$$u = \overline{u} + u' \tag{5-13}$$

对于 u'，有：

$$\frac{1}{T}\int_0^T u' \mathrm{d}t = 0 \tag{5-14}$$

因此脉动速度采用脉动速度的均方差的平方根来反映：

$$\sigma_u = \frac{1}{T}\sqrt{\int_0^T u'^2 \mathrm{d}t} = \sqrt{\overline{u'^2}} \tag{5-15}$$

调浆过程中，搅拌槽内流体处于湍流状态，在湍流区域，颗粒的干扰沉降末速度可采用牛顿-雷廷智沉降末速公式来计算[33]：

$$v_g = 5.42\chi \sqrt{\frac{d_p(\rho_p - \rho)}{\rho}} (1-\lambda)^n \tag{5-16}$$

式中，d_p 为颗粒的粒度，m；ρ_p 为颗粒的密度，kg/m^3；ρ 为水的密度，取 ρ=1 000 kg/m^3；χ 为球形系数，取 χ=0.85；λ 为固体容积浓度；n 为与颗粒性质有关的指数，介于 2.33～8.33，在层流绕流时，n 值可取其上限 8.33，紊流绕流时，n 值可取其下限值 2.33。

取矿浆质量百分浓度为 35%，代入式(5-16)得到不同密度和粒度物料的干扰沉降末速度，如表 5-2 所列。

表 5-2 不同密度和粒度物料的干扰沉降末速度 单位：m/s

密度/(g/cm^3)	粒度/mm				
	0.50	0.15	0.074	0.038	0.005
1.20	0.019	0.011	0.007	0.005	0.002
1.80	0.050	0.027	0.019	0.014	0.005
2.40	0.076	0.042	0.029	0.021	0.008
3.00	0.099	0.054	0.038	0.027	0.010
3.60	0.120	0.066	0.046	0.033	0.012

通过数值模拟计算可以得到优化后的双轴搅拌装置中离底高度为 0.01 m处的轴向脉动速度沿 Y 轴的分布规律如图 5-4 所示。由图可见，双轴

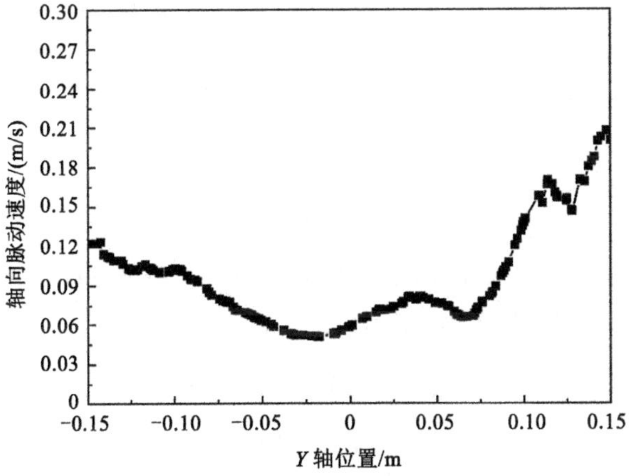

图 5-4 双轴反向搅拌时离底高度 0.01 m 处轴向脉动速度沿 Y 轴的分布

反向搅拌时，搅拌槽中心位置处的速度较低，最小轴向脉动速度为 0.05 m/s。对比表 5-2 可以看出，当搅拌槽中颗粒密度为 1.80 g/cm^3 时，最大悬浮粒度约为 0.50 mm；当颗粒密度为 3.60 g/cm^3 时，最大悬浮粒度约为0.074 mm。由于搅拌槽内流体处于强湍流状态，颗粒的实际沉降速度一般小于干扰沉降末速度，因此，对于－0.074 mm 粒级的颗粒，双轴搅拌时完全可以实现颗粒的离底悬浮，但当搅拌槽中颗粒较粗或密度较大时，需调整搅拌叶轮离底高度或叶轮参数。

5.2 颗粒间的相互作用

搅拌槽中矿物颗粒之间相互作用的能量主要有：范德华作用能（也称范德瓦尔斯作用能）、静电作用能、疏水作用能、水化排斥能、空间排斥位能、磁相互作用能等。搅拌调浆过程中，颗粒表面性质以及颗粒与颗粒之间的相互作用对于颗粒的调浆具有重要的影响。

5.2.1 范德华作用能

范德华力是存在于一切分子和原子之间的一种作用力。极性分子的范德华作用包括三个部分：诱导作用、定向作用和色散作用。单个原子间的范德华作用能与原子间距的六次方成反比，但搅拌槽中颗粒间的范德华作用是多个原子或分子之间的集合作用，因此其表达式与单个原子不同。对于两个吸附有表面活性剂的半径均为 R 的球形矿粒，范德华相互作用势能可以表示为[158]：

$$U_W = -\frac{R}{12}\left(\frac{A_{232}}{H} - \frac{2A_{123}}{H+\delta} + \frac{A_{121}}{H+2\delta}\right) \tag{5-17}$$

式中，U_W 为范德华相互作用总能量，J；R 为颗粒半径，m；H 为颗粒之间的距离，m；δ 为药剂吸附层厚度，m；A_{121}、A_{123}、A_{232} 为哈梅克（Hamaker）常数，J。

$$A_{iji} = (\sqrt{A_{ii}} - \sqrt{A_{jj}})^2 \tag{5-18}$$

$$A_{ijk} = (\sqrt{A_{ii}} - \sqrt{A_{jj}})(\sqrt{A_{kk}} - \sqrt{A_{jj}}) \tag{5-19}$$

在铝土矿搅拌调浆过程中，假设油酸钠在铝土矿表面形成单分子层吸附，吸附层厚度 δ=1.3 nm，由 Al_2O_3 的 $A_{11}=15.5\times10^{-20}$ J，油酸钠吸附层 $A_{22}=4.7\times10^{-20}$ J，水 $A_{33}=4.0\times10^{-20}$ J，可计算得到 $A_{121}=3.13\times10^{-20}$ J，

$A_{132}=-2.97\times10^{-21}$ J，$A_{232}=2.82\times10^{-22}$ J。

因此根据式(5-17)求得两个粒径为 R 的铝土矿球形粒子在相互作用距离为 H 时所受到的范德华相互作用能为：

$$U_W=-\frac{R}{12}\left(\frac{2.82}{H}+\frac{59.4}{H+1.3}+\frac{313}{H+2.6}\right)\times10^{-13} \tag{5-20}$$

5.2.2 静电作用能

静电作用能主要是由于颗粒表面带电，当带电离子相互靠近时产生的相互排斥或相互吸引作用。对于半径为 R 的同类矿粒，颗粒间的静电作用能为[159-160]：

$$U_E=2\pi\varepsilon_a R\psi_0^2\ln[1+\exp(-\kappa H)] \tag{5-21}$$

式中，U_E 为静电作用能，J；ε_a为分散介质的绝对介电常数，$\varepsilon_a=\varepsilon_0\varepsilon_r$；$\varepsilon_0$为真空中绝对介电常数，取 $8.854\times10^{-12}\ C^{-2}\cdot J^{-1}\cdot m^{-1}$；$\varepsilon_r$为分散介质的介电常数，水取 78.5；$\psi_0$为矿物表面电位，V，pH=9.5 时，$\psi_0=-0.057$ V；H 为颗粒之间的距离，m。

$$\kappa=\left(\frac{2e^2N_ACZ^2}{\varepsilon_a kT}\right)^{1/2} \tag{5-22}$$

式中，κ 为双电层厚度，m^{-1}；e 为电子电荷，为 1.062×10^{-19} C；N_A为阿伏伽德罗常数，为 6.022×10^{23} mol；C 为离子体积摩尔浓度，mol/L；Z 为离子价数；k 为玻尔兹曼常数，为 1.381×10^{23} J/K；T 为绝对温度，K。

通过 Zeta 电位测试，当矿浆 pH=9.5 时，测定铝土矿的 Zeta 电位值为 −57 mV，利用式(5-21)可求得：

$$U_E=1.418R\ln[1+\exp(-0.104H)]\times10^{-11} \tag{5-23}$$

5.2.3 疏水作用能

在颗粒疏水聚团中，疏水作用是主导作用。疏水作用是颗粒表面由于天然疏水或诱导疏水后存在的一种特殊吸引力。颗粒表面的疏水作用能分为两个部分，第一个部分为疏水颗粒受水分子的排斥作用而相互靠拢时引起的体系自由能的降低。对于半径为 R 的颗粒，颗粒之间的疏水作用能可以通过下述经验公式计算[160]：

$$U_{HI}^1=-2.51\times10^{-3}k_1Rh_0\exp(-H/h_0) \tag{5-24}$$

式中，U_{HI}^1为疏水作用能，J；h_0 为衰减长度，取 10.0×10^{-9} m；k_1为与颗粒接

触角 θ 相关的疏水系数。k_1 可表示为：

$$k_1=\frac{\exp(\theta/100)-1}{e-1} \tag{5-25}$$

此时，

$$U_{HI}^1=-2.51R\frac{\exp(\theta/100)-1}{e-1}\exp(-H/h_0)\times10^{-11} \tag{5-26}$$

疏水作用能的第二个部分为烃链之间的缔合能。当颗粒吸附有表面活性剂时，颗粒之间靠近到一定距离后，表面活性剂疏水烃链开始发生穿插缔合作用，产生疏水烃链缔合能[145]：

$$U_{HI}^2=\pi k_2 s\varphi\frac{R^2\sigma n_c\left(\delta-\dfrac{H}{2}\right)^2\left(3R+\dfrac{H}{2}+2\delta\right)}{(R+\delta)^3-R^3}(\delta\leqslant H\leqslant 2\delta) \tag{5-27}$$

式中，U_{HI}^2 为疏水烃链缔合能，J；φ 为一个—CH_2—从水中完全转入饱和碳氢化合物中的自由能变化；k_2 为预先缔合系数，$1\geqslant k_2>0$，本书取 $k_2=1$；s 为缔合度，$1>s>0$，本书取 $s=0.5$；n_c 为烃链具有的—CH_2—单元数；δ 为吸附层厚度；σ 为颗粒表面单位面积吸附药剂的密度。

因此颗粒表面总的疏水作用能为：

$$U_{HI}=U_{HI}^1+U_{HI}^2 \tag{5-28}$$

5.2.4 水化排斥能

颗粒在水中有水化膜存在，水化膜的结构、性质和厚度受到一系列因素的影响，如：颗粒表面性质，矿浆中液体分子的极性，药剂的种类和矿浆温度等。

由于水化膜的存在，当两个颗粒相互靠近至一定距离时，颗粒表面水化膜开始接触时会产生一种排斥力，称为水化力。要想进一步缩短两个颗粒之间的距离，就必须迫使两颗粒之间的水化膜结构发生变化，排挤出膜中部分液体分子。因此，颗粒与颗粒之间要实现有效的碰撞和聚团，还必须克服颗粒之间的水化排斥能。

对于理想的刚性球形液相分子和光滑平面，其两平面之间的水化斥力随着距离的变化如图 5-5 所示[147]。

水化膜排斥作用力的作用范围为 2.5～10 nm，约 10～40 个水分子的厚度，随着距离的减小，水化膜排斥力迅速增加，水化膜排斥能 U_s 大小可以用

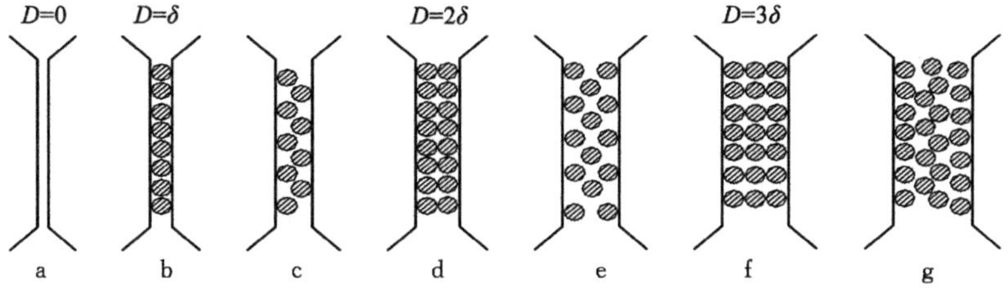

(a) 介质分子的排列随间距D的变化

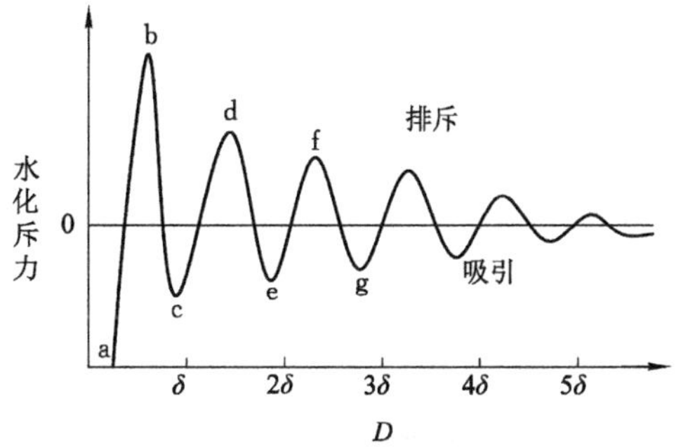

(b) 水化斥力随间距D的变化曲线

图 5-5　水化斥力随间距的变化

下式表示[146]：

$$U_s(h) = Kl\exp(-h/l) \tag{5-29}$$

式中，K 为与溶剂化膜中液体分子的有序程度及性质有关的参数，K 值的波动范围为 73～1 000 N/cm^2；h 为水化膜厚度；l 为与溶剂化膜厚度衰减程度有关的特征长度，l 的波动范围为 0.85～1.05 nm。

调浆过程由于颗粒的水化膜厚度与颗粒表面性质密切相关，颗粒在药剂吸附前后的水化膜也相差较大，因此，在计算颗粒相互作用时，暂不考虑水化膜排斥能。

5.2.5　颗粒间相互作用能量

由扩展 DLVO 理论，在矿浆中没有大分子分散剂和外部磁场作用力时，颗粒间相互作用总能量可以表示为：

$$U = U_W + U_E + U_{HI}^1 + U_{HI}^2 \tag{5-30}$$

将式(5-20)、式(5-23)、式(5-26)和式(5-27)代入式(5-30)，通过计算可

以得到不同颗粒粒度和接触角时颗粒间的相互作用总能量与颗粒间距的关系,结果如图 5-6 和图 5-7 所示。

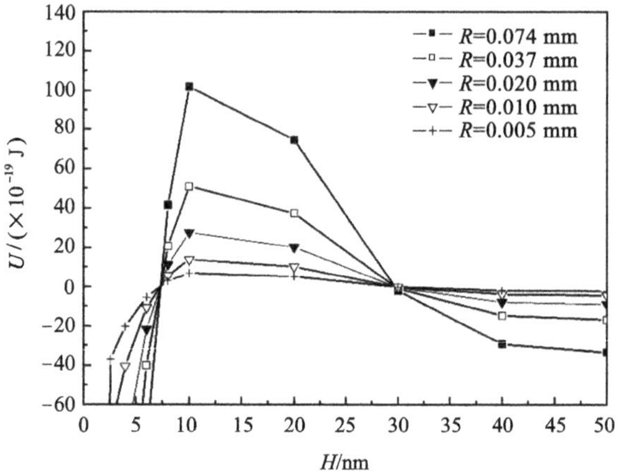

图 5-6　颗粒间相互作用总能量与颗粒粒度和颗粒间距离的关系(θ=55°)

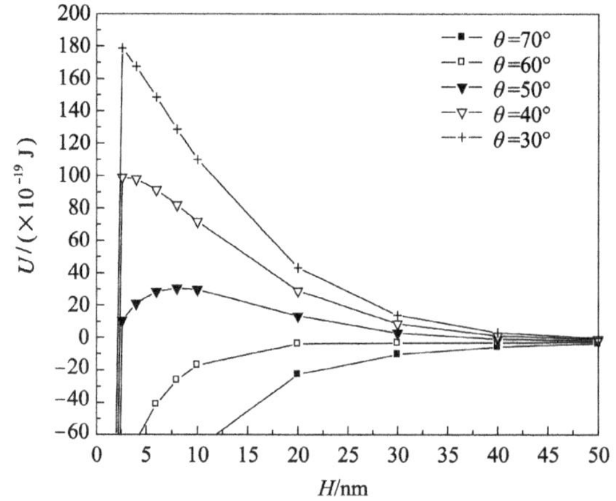

图 5-7　颗粒间相互作用总能量与颗粒表面接触角和颗粒间距离的关系(R=0.005 mm)

从图 5-6 可以看出,当颗粒表面接触角一定时,随着颗粒粒度的增加,颗粒间相互作用总能量增加。这是因为随着颗粒间距离的减小,颗粒间的相互作用由吸引逐渐变为排斥，此时两颗粒之间存在一个能垒，需要在外力的作用下才能实现颗粒聚团；当颗粒突破粒间能垒时，随着距离的进一步减小，颗粒之间的疏水作用能逐渐增加，尤其是当颗粒吸附有表面活性剂时，烃链之间的疏水缔合能远远大于静电排斥能，可以实现颗粒的有效疏水聚团。

由图 5-7 可知，当颗粒粒度为 0.005 mm，颗粒表面接触角为 30°时，在表面活性剂烃链之间的缔合能作用范围之外，颗粒之间的相互作用均为排斥，因此，对于表面疏水性较低的颗粒，颗粒与颗粒之间难以有效形成聚团。随着颗粒表面接触角的增加，颗粒之间的能垒迅速降低，同时能垒最大值对应的颗粒之间的距离逐渐增加，当颗粒表面接触角增大至 60°以上时，颗粒间相互作用能在整个作用范围内始终为负值。因此，表面疏水性越高的颗粒在调浆过程中需要的搅拌能量越低。

5.3 颗粒的聚团和破坏动力学研究

5.3.1 脉动速度对颗粒之间碰撞的影响

由上节颗粒间相互作用能量的计算可知，随着颗粒粒度的减小，颗粒间相互作用能量减小；随着颗粒表面疏水性的降低，颗粒间能垒迅速增加。只有当颗粒突破粒间能垒之后，在粒间疏水作用能和表面活性剂烃链之间疏水缔合能的作用下，才能实现颗粒的聚团。因此，在搅拌调浆过程中，要想实现表面疏水性较差的微细颗粒的聚团，就必须提供较强的搅拌动能，一方面促进表面活性剂在颗粒表面的吸附，提高颗粒的表面疏水性，另一方面突破颗粒之间相互作用能垒，实现颗粒之间的有效碰撞。

颗粒之间的碰撞效率取决于颗粒之间的碰撞能量 E_p 和最大能垒 U_{max}。颗粒之间有效碰撞的临界条件为：

$$E_p \geqslant U_{max} \tag{5-31}$$

在搅拌槽中，对于半径为 R 的颗粒，颗粒的动能 E_p 可以表示为[146]：

$$E_p = \frac{1}{2} m_p \overline{u}^2 = \frac{2}{3} \pi \rho_p R^3 \overline{u}^2 \tag{5-32}$$

式中，m_p 为颗粒的质量；$\overline{u}$ 为颗粒的平均脉动速度；ρ_p 为颗粒的密度。

从式(5-32)可以看出，颗粒在调浆过程中获得的动能 E_p 与颗粒半径 R 的 3 次方和颗粒平均脉动速度 $\bar{u}$ 的 2 次方成正比，因此随着颗粒粒度的减小，相同脉动速度时颗粒获得的搅拌动能迅速降低。对于铝土矿原矿，颗粒密度 $\rho_p=3.0\ g/cm^3$，通过计算得到铝土矿不同粒度颗粒在不同的颗粒脉动速度时的动能如表 5-3 所列。

表 5-3　铝土矿不同粒度颗粒在不同的脉动速度时的动能($\times 10^{-17}$ J)

粒度/mm	$\bar{u}$/(m/s)				
	0.01	0.05	0.10	0.20	0.50
0.074	25 448.07	636 201.68	2 544 806.72	10 179 226.88	63 620 168.00
0.020	502.40	12 560.00	50 240.00	200 960.00	1 256 000.00
0.002	0.50	12.56	50.24	200.96	1 256.00

由表 5-3 可见，对于半径为 0.074 mm 的颗粒，在较低的脉动速度时就可以获得较高的动能，而对于半径为 0.002 mm 的微细颗粒，颗粒获得的搅拌动能较低。因此对于粗颗粒，在较低的搅拌强度下就可以实现颗粒之间的有效碰撞；对于粒度较小的微细颗粒，在颗粒粒度不变的情况下，需尽可能提高搅拌槽中颗粒的脉动速度。

结合式(5-31)和式(5-32)可以得到，不同粒度和表面性质的颗粒在调浆过程中需要的颗粒脉动速度为：

$$u_p \geqslant \sqrt{\frac{3U_{max}}{2\pi\rho_p d_p^3}} \tag{5-33}$$

式中，U_{max} 为颗料间最大能垒。

对于各向同性湍流，脉动速度概率密度分布函数可以表示为[147]：

$$P_{(u)} = \frac{1}{\sqrt{2\pi}\ \bar{u}'}\exp\left[-\frac{(u-\bar{u})^2}{2\ \bar{u}'^2}\right] \tag{5-34}$$

式中，u 为脉动速度；$\bar{u}'$ 为脉动速度的脉动量，即平均脉动速度的附加值。

由式(5-34)得到颗粒速度绝对值大于 u_0 的概率为：

$$P_{(u_0)} - 2\int_{u_0}^{+\infty} \frac{1}{\sqrt{2\pi}\ \bar{u}'}\exp\left[-\frac{(u-\bar{u})^2}{2\ \bar{u}'^2}\right]du \tag{5-35}$$

将式(5-33)代入式(5-35)得到颗粒之间有效碰撞概率为：

$$E_f = 2\int_{\sqrt{\frac{3U_{max}}{2\pi\rho_p d_p^3}}}^{+\infty} \frac{1}{\sqrt{2\pi}\ \overline{u}'}\exp\left[-\frac{(u-\overline{u})^2}{2\overline{u}'^2}\right]du \tag{5-36}$$

由式(5-36)可以看出，颗粒之间的碰撞概率 E_f 取决于颗粒平均脉动速度$\overline{u}$、脉动量$\overline{u}'$和粒间最大能垒 U_{max}，因此可以通过提高搅拌槽中颗粒平均脉动速度来提高颗粒之间的碰撞效率。

5.3.2 颗粒聚团动力学

颗粒聚团的主要影响因素为颗粒之间的相互作用力，颗粒之间的相互作用力 F 可以表示为：

$$F = \frac{dU}{dh} = \frac{dU_W}{dh} + \frac{dU_E}{dh} + \frac{dU_{HI}^1}{dh} + \frac{dU_{HI}^2}{dh} + \frac{dU_S}{dh} \tag{5-37}$$

假设颗粒为球形，矿浆中单一分散的球形颗粒的聚团强度 σ_a 可以表示为[162]：

$$\sigma_a = \frac{1-P_a}{P_a} \cdot \frac{F_{max}}{d_p^2} \tag{5-38}$$

式中，d_p 为颗粒直径；P_a为孔隙度。

湍流中的最小尺寸一般表示为柯尔莫哥洛夫(Kolmogorov) 微尺度，该最小微尺度下对应的最小长度尺度为 λ；湍流场中最大的长度尺度为 L。团聚体系中的对处于湍流惯性区的较大的聚团($L \gg d_a \gg \lambda$)，聚团抵抗湍流脉动压差的拉伸强度 σ_T 可表示为[163]：

$$\sigma_T = \frac{(1-P_a)J}{d_p^2} = \frac{J}{d_p^2 d_a} \cdot \left(\frac{\upsilon^3}{\varepsilon}\right)^{1/4} = \frac{J}{d_p^2 d_a}\upsilon^{1/2}G^{-1/2} \tag{5-39}$$

式中，d_p 为颗粒直径；d_a为聚团直径；υ 为矿浆运动黏度；ε 为单位体积矿浆功率消耗；G 为剪切率。

对于小的聚团($d_a \leqslant \lambda$)，聚团抵抗表面剥蚀作用的剪切强度 σ_τ 可表示为：

$$\sigma_\tau = \frac{9(1-P_a)}{8P_a^2 d_p^2}J \text{ 或 } \sigma_\tau = \frac{J}{d_a^2} \tag{5-40}$$

5.3.3 聚团破坏动力学

搅拌过程中，剪切既能促进颗粒之间的相互碰撞，形成聚团，也会引起聚团的破坏。关于聚团的破坏，国内外研究者进行了许多的研究[164-165]，发现聚团在湍流中的破裂主要有两种机理:聚团破裂机理和表面剥蚀机理,其中对于大聚团以碎裂破坏为主,对于小聚团以表面剥蚀破坏为主。

在湍流黏性区中,对于小的聚团(d_a 为 $2\lambda \sim 3\lambda$),以黏性力的剥蚀破坏为主,作用于聚团的湍流剪切压力可表示为[147]:

$$\tau_s = 0.26\rho_a(\upsilon \cdot \varepsilon)^{1/2} = 0.26\rho_a \upsilon G \tag{5-41}$$

对于较大的聚团($3\lambda \leqslant d_a < 7\lambda$),作用于聚团的湍流剪切压力可表示为:

$$\tau_s = 0.068\frac{\rho_a \varepsilon d_a^2}{\upsilon} = 0.068\rho_a G^2 d_a^2 \tag{5-42}$$

在湍流惯性区和过渡区,以惯性作用为主,不同聚团尺寸对应的由脉动压差引起的聚团破坏力可以分别表示为湍流应力 τ_T 和湍流应力 ΔP_p[147]:

$$\tau_T = 0.49\rho_a(\varepsilon^3/\upsilon)^{1/4} d_a = 0.49\rho_a G^{3/2}\upsilon^{1/2} d_a \quad (25\lambda \ll d_a \ll L) \tag{5-43}$$

$$\Delta P_p = 1.9\rho_a(\varepsilon \cdot d_a)^{2/3} = 1.9\rho_a G^{4/3}\upsilon^{2/3} d_a^{2/3} \quad (\lambda \ll d_a \ll L) \tag{5-44}$$

如果颗粒粒度 d_p、聚团密度 ρ_a 和颗粒密度 ρ_p 确定,可得到各区域聚团的最大粒度:

① 在湍流黏性区:

$$d_{amax} = 2\rho_a^{-1/2} G^{-1/2} \upsilon^{-1/2} J^{1/2} \tag{5-45}$$

② 在湍流惯性区:

$$d_{amax} = \left(\frac{J}{1.9\rho_a G^{11/6}\upsilon^{1/6} d_p^2}\right)^{3/5} \tag{5-46}$$

③ 在过渡区:

$$d_{amax} = \frac{1.5 J^{1/2}}{G\rho_a^{1/2} d_p} \tag{5-47}$$

调浆过程中聚团最大粒度主要与颗粒直径、聚团密度、矿浆运动黏度、流体剪切率和颗粒之间的黏附强度有关,在颗粒粒度和矿浆运动黏度不变时,聚团最大直径随着颗粒间黏附强度的提高而增加,随着剪切率的增大而减小。但流体剪切率是促进药剂在颗粒表面吸附、提高颗粒间黏附强度的重要因素,因此,在搅拌槽内可以根据不同的区域对剪切率进行优化。从湍流黏性区到湍流惯性区,剪切率对聚团破坏的影响逐渐增加,因此在湍流黏性区,应适当提高流体剪切率以促进颗粒与药剂之间的吸附,提高颗粒间黏附强度和有效碰撞概率,在湍流惯性区则应适当减小流体剪切率,减小聚团的破坏。同时应根据浮选过程对调浆产品的粒度要求,来调整和优化搅拌槽内剪切率的大小和分布。

5.4 药剂的分散和乳化

浮选过程中，为了增强或降低某种矿物的可浮性，常加入浮选药剂，改变矿物表面的物理化学性质。按在水中的解离程度，捕收剂可以分为两大类：非离子型捕收剂和离子型捕收剂。捕收剂的种类不同，与矿物作用的原理也不同。

5.4.1 非离子型捕收剂

非离子型捕收剂主要包括烃类油和不溶性脂类等。非极性烃类油是目前煤炭浮选过程中最常用的捕收剂。这种捕收剂在矿浆中溶解度小，以油滴的形式存在，通常在矿物表面以物理吸附的形式发生作用。

一般情况下，随着油滴的分散和乳化，捕收剂与矿物的碰撞和吸附概率增加，浮选效果提高，同时药剂分散后界面面积迅速增加，药剂消耗量减少。

在浮选搅拌调浆过程中，剪切力是液滴破碎的动力[166]。在高剪切作用下，非极性烃类油捕收剂迅速分散成小液滴，使其界面面积迅速增加。但要精确计算整个搅拌槽内捕收剂液滴的尺寸分布比较困难，由于搅拌槽中剪切率的分布范围很宽，叶轮区的剪切率较高，而其余区域的剪切率较低，液滴在叶轮区被剪切分散后，进入搅拌槽其他区域时可能又会重新聚并，因此，搅拌槽中液滴直径分布与槽中取样点的位置有关，一般叶轮区的液滴直径比槽体其他区域的液滴直径小。

湍流中液滴破碎的最小韦伯准数可以表示为[167]：

$$We = \frac{\rho_c \overline{u}^2 d_{SM}}{\sigma g_c} = 常数 \tag{5-48}$$

式中，ρ_c 为连续相的密度；g_c 为重力常数；σ 为界面张力；d_{SM} 为索特(Sauter)平均液滴直径；$\overline{u}$为平均脉动速度。

Nagata[167]通过对黏性剪切作用、局部速度梯度、含能涡旋的湍动尺寸等因素的研究，证明对于一定体系的液滴，索特平均直径可用下述方程关联：

$$d_{SM} = 10(-2.316 + 0.672\varphi)\upsilon_c^{0.0722}\varepsilon^{-0.914}\left(\frac{\sigma g_c}{\rho_c}\right)^{0.196} \tag{5-49}$$

式中，φ 为分散相体积分数；υ_c 为连续相的黏度；其他符号意义同前。

通过上式可以看出，对于液滴的分散和乳化，随着流体脉动速度或能量耗散率的提高，液滴的平均直径减小。

对于湍流中颗粒之间的碰撞，大部分的分析和讨论都是基于各向同性湍流的假定。在湍流黏性区，Camp 和 Stein[168] 研究表明颗粒碰撞频率 β 与非均匀流剪切速率 G、颗粒的粒度和浓度之间的关系为：

$$\beta = \frac{4}{3}G(R_i + R_j)^3 n_i n_j \tag{5-50}$$

式中，i、j 代表不同颗粒；R_i、R_j 为颗粒的半径；n_i、n_j 为颗粒的粒子浓度。

Saffman 等[169] 通过对湍流的分析，得到颗粒之间的碰撞频率为：

$$\beta = 1.294G(R_i + R_j)^3 n_i n_j \tag{5-51}$$

对比式(5-50)和式(5-51)可以看出，湍流中颗粒碰撞的频率正比于流体剪切率、颗粒的直径和浓度。

假设搅拌调浆过程中，颗粒的半径 R_p 和粒子浓度 n_p 保持不变，搅拌槽中剪切率分布相同，则捕收剂油滴分散前后矿物颗粒与油滴的碰撞频率之比为：

$$\frac{\beta_2}{\beta_1} = \frac{(R_p + R_{o,2})^3 n_{o,2}}{(R_p + R_{o,1})^3 n_{o,1}} \tag{5-52}$$

式中，β_1、β_2 分别为油滴分散前后矿物颗粒与油滴的碰撞频率；$R_{o,1}$、$R_{o,2}$ 分别为油滴分散前后的半径；$n_{o,1}$、$n_{o,2}$ 分别为油滴分散前后的粒子浓度。

由

$$n = \frac{3m}{4\pi\rho R^3} \tag{5-53}$$

式中，m 为颗粒总质量；ρ 为颗粒的密度。

得到：

$$\frac{n_{o,2}}{n_{o,1}} = \frac{m_{o,2}\rho_{o,1}R_{o,1}^3}{m_{o,1}\rho_{o,2}R_{o,2}^3} \tag{5-54}$$

式中，$m_{o,1}$、$m_{o,2}$ 分别为油滴分散前后油滴的质量；$\rho_{o,1}$、$\rho_{o,2}$ 分别为油滴分散前后的密度。

调浆过程中，当加入的药剂总量保持不变，对应的粒子浓度之比为：

$$\frac{n_{o,2}}{n_{o,1}} = \frac{R_{o,1}^3}{R_{o,2}^3} \tag{5-55}$$

将式(5-55)代入式(5-52)得到：

$$\frac{\beta_2}{\beta_1}=\frac{(R_p+R_{o,2})^3 n_{o,2}}{(R_p+R_{o,1})^3 n_{o,1}}=\frac{R_{o,1}{}^3(R_p+R_{o,2})^3}{R_{o,2}{}^3(R_p+R_{o,1})^3}=\frac{i^3(1+\gamma/i)^3}{(1+\gamma)^3} \tag{5-56}$$

式中，$i=\frac{R_{o,1}}{R_{o,2}}$为油滴分散前的半径与分散后的半径之比；$\gamma=\frac{R_{o,1}}{R_p}$为油滴分散前的半径与矿物颗粒半径之比。

由式(5-56)计算得到不同油滴半径与矿物颗粒半径之比时，油滴在搅拌槽中分散后、分散前与矿物颗粒的碰撞频率之比，它与油滴分散比 i 的关系如图 5-8 所示。由图可见，当油滴与矿物颗粒粒径之比保持不变时，随着油滴分散程度的提高，油滴与颗粒的碰撞频率逐渐增加，且分散比越大，增加趋势越明显。因此，在煤泥浮选过程中，提高捕收剂的分散程度，可显著提高捕收剂和煤泥的碰撞概率。

随着分散前油滴半径与矿物颗粒半径之比的增加，即随着分散前油滴半径的增加或矿物颗粒半径的减小，在相同的油滴分散比时，碰撞频率迅速降低，且分散比增加时，碰撞频率之比增加趋势逐渐变缓。搅拌调浆过程中，在药剂种类和用量不变的情况下，初始油滴粒径一般变化不大，因此对于微细粒的搅拌调浆，需要更高的药剂分散比来提高药剂与颗粒之间的碰撞频率。

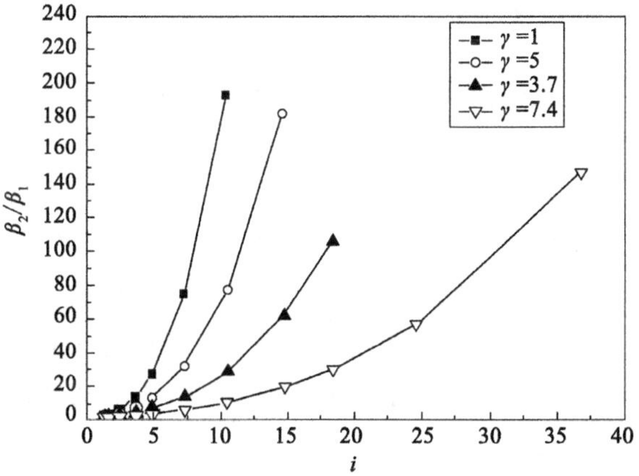

图 5-8　油滴分散后、分散前与矿物质颗粒的碰撞频率之比与分散比的关系

5.4.2 离子型捕收剂

离子型捕收剂在矿浆中以离子的型式存在，其扩散速率主要由湍流扩散系数决定。搅拌过程中，传递到颗粒表面的药剂与湍流扩散系数 D_e 的关系为[106]：

$$I_t = D_e \frac{\partial C}{\partial r} \tag{5-57}$$

式中，$\partial C/\partial r$ 为药剂浓度的梯度。

在均匀湍流中，扩散系数 D_e 为：

$$D_e = u'\int_0^{\infty} r_L(\tau)\mathrm{d}\tau = u'\Lambda_L \tag{5-58}$$

式中，u' 为流体的脉动速度；$r_L(\tau)$ 为自相关系数；τ 为速度自相关时间间隔；Λ_L 为湍流的拉格朗日尺度。

从式(5-58)可以看出，湍流中扩散系数正比于流体的脉动速度，因此，搅拌槽中脉动速度的提高有利于药剂的扩散和传递。

5.5 固-液两相间的传质

5.5.1 传质过程机理

从悬浮固体颗粒到流体的传质有三种可能的机理——强制对流、自然对流和径向扩散[155]。

当固体颗粒密度大且质量大时，颗粒与流体之间会存在速度差。两相之间的“滑动”在相界面处的流体中将产生一个层流边界层，该边界层的有效厚度取决于滑动速度差值和颗粒尺寸的大小。此时传质的主要阻力产生于通过这一层流膜的扩散。传质速率取决于溶质的分子扩散系数和流体的黏性，以及层流膜的厚度。因此，在粗颗粒流型（或滑动速度流型）中，占支配地位的是强制对流机理。

当固体颗粒密度小且质量小时，固体颗粒趋向于随着流体无滑移地运动。此时相界面处不会形成边界层，只能靠径向扩散来传质。当此系统中流体处于湍流状态时，需采用湍流扩散系数来描述传质特征。因此，在细颗粒流型中传质以径向扩散为主。

当颗粒处于两种流型之间的临界颗粒尺寸时，相当于一定条件下搅拌系统中的最小漩涡尺寸，此时颗粒随着漩涡一起运动或者陷于其中，固液两相之间几乎没有相对运动。无论主体流体中的湍流多么剧烈，最小漩涡内始终以黏性效应为主，固液之间的传质也只能通过径向扩散来进行。

5.5.2 传质系数关联式

对于悬浮的固体颗粒，从大颗粒流型到小颗粒流型，其传质关联式都可以用弗罗斯林(Frössling)方程表示：

$$Sh_{\mathrm{p}} = 2 + 1.10 Re_{\mathrm{p}}^{1/2} Sc^{1/3} \tag{5-59}$$

式中，$Sh_{\mathrm{p}} = k_{\Delta} d_{\mathrm{p}} / D_{\mathrm{d}}$($k_{\Delta}$ 为传质速率常数，d_{p} 为颗粒直径，D_{d} 为溶质的分子扩散系数)，颗粒薛伍德准数；$Re_{\mathrm{p}} = d_{\mathrm{p}} u_{\mathrm{s}} / \upsilon$($u_{\mathrm{s}}$ 为颗粒滑动速度，υ 为液体运动黏度)，颗粒雷诺数；$Sc = \upsilon / D_{\mathrm{d}}$，施密特准数。

整理式(5-59)得：

$$k_{\Delta} = \frac{2D_{\mathrm{d}}}{d_{\mathrm{p}}} + 1.10 \, (u_{\mathrm{s}})^{1/2} \, (D_{\mathrm{d}})^{2/3} (d_{\mathrm{p}})^{-1/2} \upsilon^{-1/6} \tag{5-60}$$

方程(5-59)的第一项 $Sh_{\mathrm{p}} = 2$ 是由膜理论得到的径向扩散表达式，第二项 $Sh_{\mathrm{p}} = 1.10\, Re_{\mathrm{p}}^{1/2} Sc^{1/3}$ 是由边界层理论得到的液膜控制传质表达式。这说明固-液之间的传质以滑动速度为主，同时不稳态传递也起到一定的作用。

对于小颗粒流型，两相之间的传质机理为径向扩散。仍以传质系数关联式 Frössling 方程作为关联的基础。由于扩散发生在湍动流体中，故 Frössling 方程右侧第一项的数值应增大 $D_{\mathrm{e}} / D_{\mathrm{d}}$ 倍，D_{e} 为湍流扩散系数，于是方程(5-59)变为：

$$\frac{k_{\Delta} d_{\mathrm{p}}}{D_{\mathrm{d}}} = 2 \frac{D_{\mathrm{e}}}{D_{\mathrm{d}}} + 1.10 Re_{\mathrm{p}}^{1/2} Sc^{1/3} \tag{5-61}$$

或

$$k_{\Delta} = 2 \frac{D_{\mathrm{e}}}{d_{\mathrm{p}}} + 1.10 \frac{D_{\mathrm{d}}}{d_{\mathrm{p}}} Re_{\mathrm{p}}^{1/2} Sc^{1/3} \tag{5-62}$$

在浮选调浆过程中，粗颗粒由于与流体之间具有较高的滑移速度，容易实现颗粒与药剂之间的吸附。随着颗粒粒度的减小，颗粒与流体之间的滑移速度逐渐减小，甚至无滑移地运动时，需尽可能提高搅拌过程中的湍流扩散。而湍流扩散系数正比于流体脉动速度的大小和脉动频率，因此，提高搅拌槽中流体的脉动速度有利于提高颗粒与药剂的传质效果。

6 高效调浆浮选

实验室调浆试验结果表明强化调浆可有效提高浮选速率和回收率。在此基础上，通过对搅拌槽流场的数值模拟和优化构建了双轴搅拌调浆强化装置，但该装置的调浆效果需要进一步验证。本章以低品位铝土矿和细粒煤泥作为试验矿样，通过实验室试验和工业连续分选试验，考察构建的高剪切调浆设备的浮选效果。

6.1 低品位铝土矿浮选

随着铝土矿富矿资源的日益减少，工业上氧化铝生产开始转向中低品位铝土矿，中低品位铝土矿资源成为支撑氧化铝行业的主要资源。由于嵌布粒度细，黏土矿物含量较高，容易泥化，铝土矿选矿属于典型的微细粒矿物分选。研究微细尺度下的铝土矿高效分选技术，进一步缩短流程配置，降低生产成本，成为铝土矿资源开发的研究热点。

本章以河南登封地区的低品位铝土矿为研究对象，开展低品位铝土矿的高效调浆和柱式短流程分选试验研究。

6.1.1 原矿性质分析

6.1.1.1 *原矿化学多元素分析*

试验矿样先经缩分，然后采用两段一闭路流程破碎，经一台型号 YHEP-125×150 的颚式破碎机粗碎后，进入另一台型号 YHEP0100×60 的小型颚式破碎机破碎，破碎产品进行 2 mm 筛分。筛下产品混匀、缩分、装袋后存放，以进行下一步试验和分析。

原矿的化学多元素分析结果如表 6-1 所列。由表可见原矿中主要成分为 Al_2O_3 和 SiO_2，其他成分含量不高，其中 Al_2O_3 含量为 58.79%，SiO_2 含量为 17.36%，Al/Si 为 3.39。

表 6-1　原矿化学分析结果

元素	Al_2O_3	SiO_2	MgO	Na_2O	K_2O	CaO	Fe_2O_3	S	TiO_2
含量/%	58.79	17.36	0.26	0.14	2.93	0.41	2.33	0.13	2.22

6.1.1.2 *矿石中铝的物相分析*

原矿中铝的物相分析结果如表 6-2 所列。从表中可以看出，该铝土矿为一水硬铝石型铝土矿，一水硬铝石中的铝占总铝含量的 76.89%。

表 6-2　铝的物相分析结果

物相	一水硬铝石中的铝	三水铝石中的铝	高岭土中的铝	总铝
含量/%	48.27	0.12	14.39	62.78
分布率/%	76.89	0.19	22.92	100.00

6.1.1.3 *矿石的矿物组成*

通过显微镜下对矿石进行光片、薄片、人工重砂鉴定和 X 射线衍射分析，查明矿石中主要矿物成分如表 6-3 所列。由表可见，该矿石中主要目的矿物为一水硬铝石，脉石矿物主要为高岭石、伊利石和石英等。

表 6-3　矿石的主要矿物成分

矿物	含量/%	矿物	含量/%
一水硬铝石	64	锐钛矿	2
高岭石	9	赤(褐)铁矿	2
伊利石	17	方解石	少量
石英	4	黄铁矿	少量

6.1.1.4 *主要矿物的嵌布特征及粒度分布*

(1) 一水硬铝石

一水硬铝石多呈板状、柱状、片状产出。一水硬铝石是矿石的主要矿物，也是主要的有用矿物。一水硬铝石粒间常夹杂分散状态的伊利石、高岭石而构成矿石的主要基质。一水硬铝石晶体粒度细小，大多数在 0.01～0.06 mm，粗粒可达到 0.15 mm。集合体常具豆粒状、鲕状、纺锤状，豆鲕粒集合体的直径一般在 0.06～2 mm，大部分鲕粒由一水硬铝石单独组成，少量鲕粒的核部位为赤铁矿，边部围绕一圈一水硬铝石。在部分铁矿物集合体中，可见粒柱状一水硬铝石分布。细粒一水硬铝石集合体如图 6-1 所示。

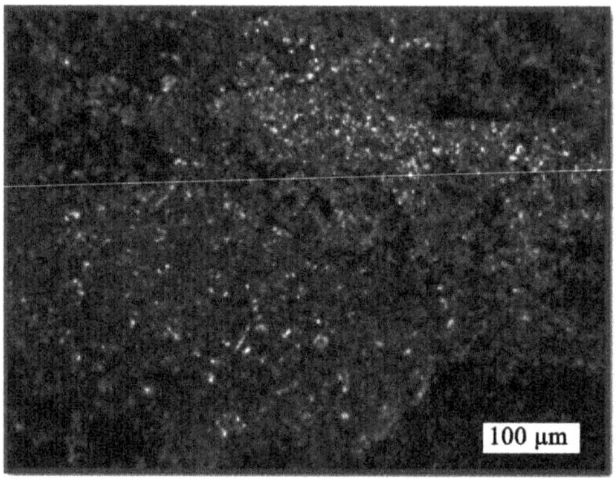

图 6-1　细粒一水硬铝石集合体

(2) 脉石矿物

高岭石、伊利石、石英是矿石中主要的含硅脉石矿物，这些脉石矿物多呈细鳞片状或隐晶质、微晶集合体产出，少量呈不规则粒状、薄板状产出，与一水硬铝石的嵌布关系复杂。在伊利石、高岭石等含硅脉石矿物构成的基质中，常包裹和胶结一水硬铝石、金红石、锐钛矿等矿物。也有部分伊利石、高岭石分布在一水硬铝石的纺锤状、豆粒状集合体的外围或间隙，包围和胶结一水硬铝石集合体。由于嵌布关系复杂、粒度细小，因此单体解离较困难。这些脉石矿物大多是层状铝硅酸盐，矿物硬度低、易磨、易泥化。

矿石中钛矿物主要是锐钛矿和金红石，主要呈细小粒状分布在一水硬铝石、高岭石、伊利石等矿物粒间。

6.1.2　试验方法

由于原矿中铝硅比含量较低，试验采用正浮选方法。以改性脂肪酸钠作为捕收剂，碳酸钠、氢氧化钠和盐酸作为 pH 值调整剂，条件试验均采用一次粗选的试验流程。

试验过程中，进行了浮选机条件试验、不同调浆和浮选方式组合的浮选试验，探索调浆和浮选设备对低品位铝土矿浮选的影响。

6.1.2.1 浮选条件试验

浮选条件试验主要考察矿浆温度、pH 值、捕收剂用量和充气量对浮选效果的影响。

从原矿中一水硬铝石的嵌布特征和粒度分布可以看出，一水硬铝石粒度细小，大部分在 0.01～0.06 mm，因此需要细磨。磨矿时每次称取 285.0 g 破碎后的原矿，利用一台 XMB160/200 型棒磨机磨矿 10 min 至－0.074 mm 含量 95%、－0.038 mm 含量 85%左右。将磨矿后的矿浆加温后迅速转移至浮选槽中。

条件试验调浆和浮选均在一台实验室 XFD-0.75 型充气机械搅拌式浮选机上进行。试验过程中，恒定调浆转速和浮选转速为 1 800 r/min，加入碳酸钠调节 pH 值，搅拌 1 min，然后加入捕收剂，搅拌 5 min，调浆完成后开始充气浮选，浮选自动刮泡 6 min，浮选过程中尽量维持充气量和矿浆液面不变，收集浮选精矿和尾矿，分别过滤、烘干、制样，化验 Al_2O_3 和 SiO_2 含量。

6.1.2.2 不同搅拌方式调浆后浮选机分选试验

为了考察低品位铝土矿浮选时双轴搅拌的调浆效果，进行了不同搅拌转速组合的双轴搅拌调浆试验，并与相同叶轮线速度时的单轴单层叶轮搅拌和单轴双层叶轮搅拌的调浆效果进行了对比，不同搅拌方式下搅拌槽主要结构参数如表 6-4 所列。

表 6-4 三种搅拌方式下搅拌槽主要结构参数

名称	单轴单层叶轮搅拌	单轴双层叶轮搅拌	双轴双层叶轮搅拌
搅拌槽尺寸/mm	ϕ300×400	ϕ300×400	ϕ300×400
叶轮直径/mm	105	105	85
叶轮宽度/mm	21	21	17
叶轮角度/(°)	45	上层 45、下层－45	上层 45、下层－45
挡板数目	4	4	4
叶轮离底高度/mm	55	55	55

具体试验方法如下：每次称取 1 000.0 g 破碎后的原矿，利用一台 XMB240/300 型棒磨机磨矿 12 min 至−0.074 mm 含量 95%、−0.038 mm 含量 85%左右。每次磨矿 6 组，加入一台 ϕ300 mm×400 mm 的搅拌桶中，调整矿浆浓度至 30%，然后加温至条件试验优化的最佳温度。设定调浆转速，预先搅拌 1 min，待矿浆充分分散混匀后，加入碳酸钠，调节矿浆 pH 值，搅拌 1 min，然后加入捕收剂，搅拌 5 min。调浆完成后，从调浆桶中部抽取一定矿浆，加入 1.5 L 浮选槽进行浮选试验。为了使试验结果具有对比性，抽取矿浆时，保持取样点位置不变，每次取样质量保持一致。由于矿浆浓度基本相同，每次浮选槽初始体积和液面高度也基本一致。浮选过程中，尽量保持矿浆液面、充气量和刮泡速度等浮选条件一致。每次浮选 6 min，浮选结束后，收集精矿和尾矿，分别过滤、烘干、称重、制样、化验 Al_2O_3 和 SiO_2 含量。

6.1.2.3　浮选柱分选试验

浮选柱分选试验系统如图 6-2 所示。调浆作业与浮选机分选时步骤一致，搅拌调浆后，利用一台蠕动泵给入旋流静态微泡浮选柱，调整浮选柱操作参数至浮选过程稳定后，收集精矿和尾矿，化验和分析品位。

图 6-2　柱式分选试验系统

6.1.3　结果与讨论

6.1.3.1　铝土矿浮选条件试验

（1）矿浆温度对浮选效果的影响

试验过程中,由于使用改性脂肪酸钠作为捕收剂,矿浆温度对药剂的作用效果有重要的影响,因此先进行矿浆温度试验。试验条件:矿浆浓度30%,pH=9.5,捕收剂用量1 200 g/t,浮选充气量0.2 m^3/h。矿浆温度对浮选效果的影响如图6-3所示。

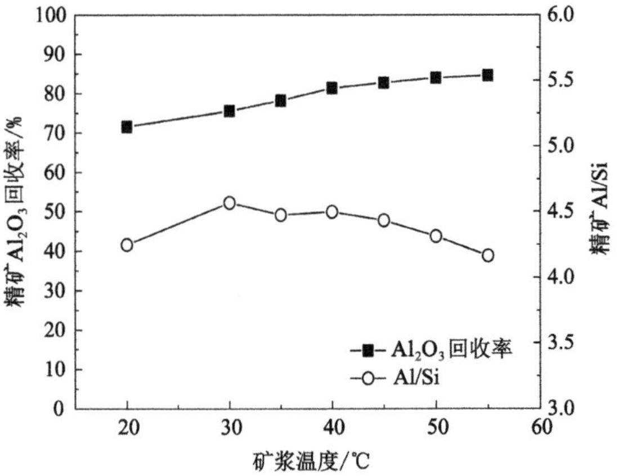

图6-3 矿浆温度对浮选效果的影响

从图6-3中可以看出,随着温度的升高,精矿 Al_2O_3 回收率逐渐增加,矿浆温度从20 ℃提高至45 ℃时,Al_2O_3 回收率从71.59%增加到了82.71%,此后进一步提高矿浆温度,Al_2O_3 的回收率增加幅度减缓;精矿Al/Si则随着温度的升高先升高后降低。温度对铝土矿浮选指标的影响主要是因为温度的升高可以促进脂肪酸类捕收剂在矿浆中的溶解,提高捕收剂在铝土矿表面的吸附量,从而增加 Al_2O_3 浮选回收率。但随着温度的升高,需要的能耗逐渐增加,综合考虑精矿品位和回收率,选择矿浆温度为45 ℃来进行后续试验。

(2) 矿浆pH值对浮选效果的影响

试验条件:矿浆温度45 ℃,矿浆浓度30%,捕收剂用量1 200 g/t,浮选充气量0.2 m^3/h。试验过程中,矿浆pH值小于10.0时采用碳酸钠作为pH值调整剂,大于10.0时采用氢氧化钠作为pH值调整剂。矿浆pH值对浮选效果的影响如图6-4所示。由图可见,当pH=8.5时,精矿 Al_2O_3 回收率和Al/Si较低,随着pH值的增加,Al_2O_3 回收率和Al/Si逐渐增加。pH=9.5左右时分选效果最佳,因此选择矿浆pH值为9.5进行后续试验。

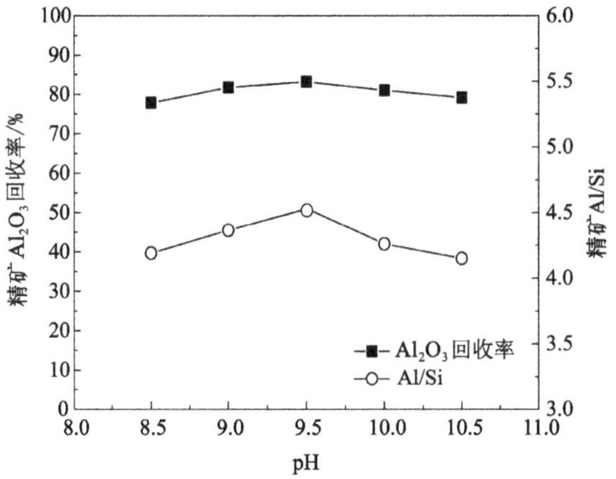

图 6-4　矿浆 pH 值对浮选效果的影响

(3) 捕收剂用量对浮选效果的影响

试验条件：矿浆温度 45 ℃，矿浆浓度 30%，浮选充气量 0.2 m^3/h，pH＝9.5。精矿 Al_2O_3 回收率和 Al/Si 与捕收剂用量之间的关系如图 6-5 所示。由图可见，随着捕收剂用量的增加，精矿 Al_2O_3 回收率逐渐增加，Al/Si 则逐渐降低。捕收剂用量增加到 1 400 g/t 以后，Al/Si 显著降低而 Al_2O_3 回收率升高幅度较小，因此捕收剂用量选择 1 400 g/t 进行后续试验。

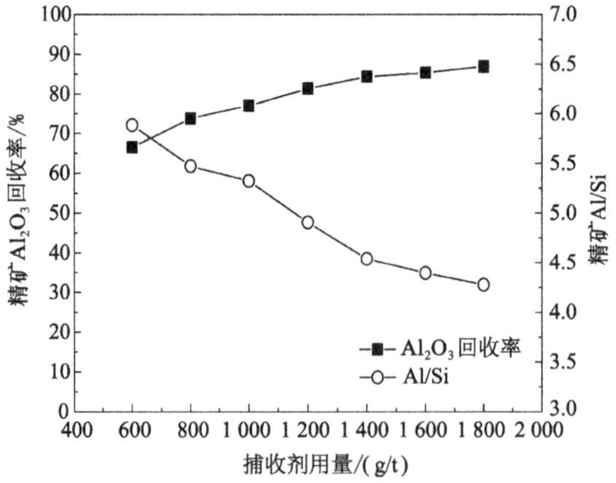

图 6-5　捕收剂用量对浮选效果的影响

(4) 充气量对浮选效果的影响

试验条件:矿浆温度 45 ℃,矿浆浓度 30%,捕收剂用量 1 400 g/t,pH=9.5。充气量对浮选效果的影响如图 6-6 所示。由图可见,低充气量时精矿 Al/Si 较高但 Al_2O_3 回收率较低,随着充气量的增加,回收率逐渐增加但 Al/Si 迅速降低。综合考虑精矿品位和回收率,选择充气量为 0.2 m^3/h 进行后续试验。

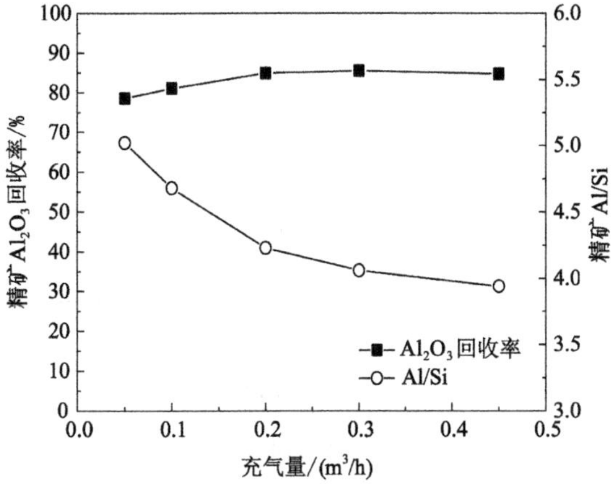

图 6-6 充气量对浮选指标的影响

6.1.3.2 浮选机浮选试验

(1) 双轴搅拌时转速对调浆效果的影响

双轴搅拌时,首先考察了不同搅拌转速组合对调浆效果的影响。搅拌过程中,双轴旋转方向相反,调浆时间 5 min。试验结果如表 6-5 所列。

表 6-5 转速对浮选效果的影响

转速/(r/min)	产品名称	产率/%	Al_2O_3 含量/%	SiO_2 含量/%	Al/Si	Al_2O_3 回收率/%
600+600	精矿	74.42	63.98	13.64	4.69	81.37
	尾矿	25.58	42.63	27.51	1.55	18.63
	原矿	100.00	58.52	17.19	3.40	100.00
900+900	精矿	78.23	63.65	14.11	4.51	85.27
	尾矿	21.77	39.51	29.77	1.33	14.73
	原矿	100.00	58.39	17.52	3.33	100.00

表 6-5(续)

转速/(r/min)	产品名称	产率/%	Al_2O_3 含量/%	SiO_2 含量/%	Al/Si	Al_2O_3 回收率/%
1 200+1 200	精矿	80.84	62.92	14.36	4.38	87.21
	尾矿	19.16	38.94	30.56	1.27	12.79
	原矿	100.00	58.33	17.46	3.34	100.00
1 200+600	精矿	79.36	63.61	13.81	4.61	86.13
	尾矿	20.64	39.39	30.23	1.30	13.87
	原矿	100.00	58.61	17.20	3.41	100.00
1 200+900	精矿	81.03	62.88	14.57	4.32	87.39
	尾矿	18.97	38.76	30.74	1.26	12.61
	原矿	100.00	58.30	17.64	3.31	100.00

由表 6-5 可以看出，搅拌转速较低时，精矿 Al_2O_3 回收率较低，随着搅拌转速的提高，精矿 Al_2O_3 回收率逐渐增加。双轴搅拌时，在保证一根轴搅拌转速的前提下，适当降低另一根轴的搅拌转速，也可以取得较好的调浆效果。双轴转速选取 1 200 r/min 进行后续试验。

(2) 不同搅拌方式对浮选效果的影响

不同搅拌方式调浆后浮选机浮选累计精矿 Al_2O_3 回收率和 Al/Si 与浮选时间的关系如图 6-7 所示。由图可见，三种搅拌方式下，浮选 0.5 min 时，单层叶轮搅拌累计回收率仅为 36.84%，单轴双层叶轮搅拌时为 40.16%，双轴双层叶轮搅拌时为 47.42%；浮选 6 min 时，单层叶轮搅拌精矿 Al_2O_3 累计回收率为 84.38%，单轴双层叶轮搅拌时为 85.86%，双轴双层叶轮搅拌时为 87.59%。三种搅拌方式下，精矿累计 Al/Si 相差不大。可见，与单轴普通搅拌和单轴双层叶轮搅拌方式相比，双轴双层叶轮搅拌对于低品位微细粒铝土矿的调浆具有更好的强化效果。

6.1.3.3 浮选柱浮选试验

从图 6-7 的对比可以看出，双轴双层叶轮搅拌装置可强化铝土矿调浆效果，有利于提高其浮选速率和回收率，因此试验采用双轴双层叶轮强制搅拌调浆加旋流-静态微泡浮选柱静态分选的方式，来探索进一步提高铝土矿浮选效果的可行性。

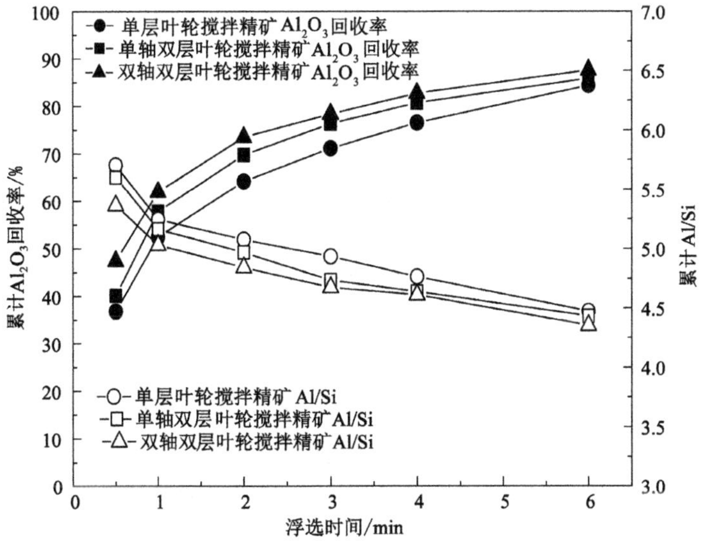

图 6-7 不同搅拌调浆方式下浮选累计精矿回收率和 Al/Si 与浮选时间的关系

试验条件：浮选柱给料量 330 mL/min，循环泵压力 0.14 MPa，充气量 0.65 $m^3/(m^2 \cdot min)$，泡沫层厚度 200 mm。浮选柱分选指标如表 6-6 所示。由表可见，单轴双层叶轮搅拌时，通过浮选柱一次粗选，可以从原矿 Al/Si 比为 3.37 的铝土矿中，获得精矿 Al/Si 为 4.50%、Al_2O_3 回收率为 87.09%的分选指标。双轴双层叶轮搅拌的分选指标优于单轴双层叶轮搅拌，通过浮选柱一次粗选，可以获得精矿 Al/Si 为 4.44、Al_2O_3 回收率为88.76%的分选指标，精矿回收率得到了进一步增加。与单轴双层叶轮搅拌相比，双轴双层叶轮搅拌的尾矿 Al_2O_3 品位降低了 0.81 个百分点，精矿 Al_2O_3 回收率增加了 1.67 个百分点。可见采用浮选柱进行分选时，通过强化调浆效果可以进一步提高浮选指标。

表 6-6 浮选柱分选指标

搅拌型式	产品名称	产率/%	Al_2O_3 含量/%	SiO_2 含量/%	Al/Si	Al_2O_3 回收率/%
单轴双层叶轮	精矿	80.55	63.23	14.06	4.50	87.09
	尾矿	19.45	38.83	31.11	1.25	12.91
	原矿	100.00	58.48	17.38	3.37	100.00

表 6-6(续)

搅拌型式	产品名称	产率/%	Al_2O_3 含量/%	SiO_2 含量/%	Al/Si	Al_2O_3 回收率/%
双轴双层叶轮	精矿	82.67	62.95	14.19	4.44	88.76
	尾矿	17.33	38.02	31.36	1.21	11.24
	原矿	100.00	58.63	17.17	3.42	100.00

6.1.3.4 不同浮选方式下不同粒级回收率的对比

为了进一步分析不同装置调浆后浮选机和浮选柱对各个粒级的回收效果,对单轴双层叶轮搅拌和双轴双层叶轮搅拌时浮选机和浮选柱的原矿、精矿和尾矿分别进行 38 μm 筛分,−38 μm 粒级进行水析,然后化验其中的 Al_2O_3 含量,计算各个粒级的 Al_2O_3 回收率,试验结果如图 6-8 所示。由图可见,浮选柱和浮选机对于铝土矿的回收具有明显的粒度效应,双轴双层叶轮调浆强化后,浮选机对于 +38 μm 粒级的回收率略高于浮选柱,38～20 μm粒级和 20～10 μm 粒级两者回收率相当,−10 μm 粒级则回收率明显低于浮选柱。这种在矿物回收上的粒度效应主要是由两种设备各自的性能决定的,采用浮选柱比浮选机更有利于强化微细颗粒的回收。

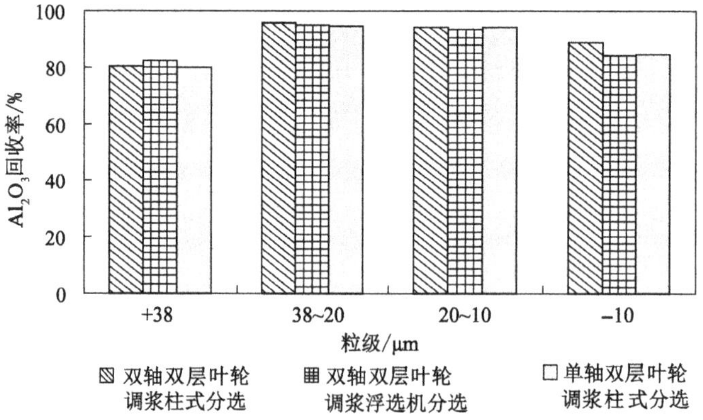

图 6-8 不同搅拌和浮选方式下各个粒级的 Al_2O_3 回收率

采用旋流静态微泡浮选柱进行浮选时,双轴双层叶轮搅拌调浆与单轴双层叶轮搅拌调浆的效果相比,+38 μm 粒级两者的回收率相当,对于−38 μm 以下粒级,双轴调浆效果优于单轴,且随着粒度的减小,Al_2O_3 回收率增加的效果越明显。这是由于粗颗粒粒度和质量大，调浆过程中获得的搅拌动能较高，在速度较低的湍流环境和较小的剪切率下就可以突破颗粒表面的能垒，获得较好的调浆效果。随着粒径的减小，颗粒获得的搅拌动能迅速降低，调浆需要的剪切强度逐渐增加。因此，对于微细粒的回收，双轴搅拌能获得比单轴搅拌更好的效果。

6.2 煤泥浮选

为了进一步考察构建的调浆强化设备的效果以及和旋流-静态微泡浮选柱联合强化回收微细粒的分选工艺对于不同矿物的适应性，在河南神火煤电股份有限公司薛湖选煤厂进行了实验室煤泥连续调浆浮选试验。河南神火煤电股份有限公司薛湖选煤厂为年处理能力 180 万 t 的矿井型选煤厂，煤质以贫煤和无烟煤为主，生产工艺为原煤先进行分级，块煤浅槽重介、末煤有压三产品重介旋流器分选，粗煤泥采用 TBS 分选，细煤泥浮选床浮选，浮选尾煤浓缩压滤。

6.2.1 调浆浮选试验

试验煤样直接取自生产系统。为了保证试验结果具有可比性，所有试验入料为同一批煤泥水样。原煤的筛分分析结果如表 6-7 所列。

表 6-7 原煤筛分分析结果

粒级/mm	产率/%	灰分/%	可燃体/%
+0.50	0.03	5.98	0.04
0.50～0.25	1.70	6.23	1.98
0.25～0.125	14.98	7.60	17.20
0.125～0.074	9.08	10.44	10.10
0.074～0.045	28.10	19.16	28.22
−0.045	46.11	25.87	42.46
合计	100.00	19.51	100.00

从表 6-7 可以看出，+0.074 mm 粒级产率为 25.79%，灰分均比较低，

说明这部分粗粒级虽然粒度较粗，但表面疏水性较好，回收相对容易。随着粒度的减小，原煤灰分逐渐升高，尤其是−0.045 mm粒级，产率占46.11%，灰分为25.87%，产率和灰分在原煤各个粒级中均为最高，说明原煤中细粒级含量较多且表面疏水性相对较差，因此强化细粒级的分选和回收成为加强该厂煤泥精煤可燃体回收的关键。

试验过程中，调浆采用ϕ600 mm×800 mm的搅拌桶，可以进行单轴和双轴的更换，搅拌电机分别采用两台变频器控制转速和转向，浮选采用直径50～150 mm变径旋流-静态微泡浮选柱。设备的主要参数如表6-8所列，试验系统如图6-9所示。

表6-8 试验设备主要参数

调浆设备		浮选设备	
项目	参数	项目	参数
尺寸/mm	ϕ600×800 mm	尺寸/mm	ϕ50～150
有效容积/m^3	0.18	有效容积/m^3	0.012
电机功率/kW	2×1.5	叶轮尺寸/mm	180

图6-9 柱式分选试验系统

每次试验开始前，向搅拌槽中加入175 L左右的煤泥水样，以保持每次试验搅拌槽中的矿浆体积基本不变，设定搅拌转速，搅拌1 min，加入捕收剂（用量1 500 g/t），搅拌1 min，然后调节搅拌转速至300 r/min，加入起泡剂（用量500 g/t），搅拌1 min，然后通过蠕动泵向浮选柱给料，给料量保持在

2.0 L/min 不变。浮选过程中尽量维持充气量、泡沫层厚度、循环泵压力等参数不变，待浮选过程稳定后，分别取原煤、精煤和尾煤进行过滤、烘干、制样和化验，计算精煤灰分和可燃体回收率。

6.2.2 试验结果与分析

单轴和双轴搅拌时，不同叶轮线速度对浮选效果的影响如表 6-9 所示。

表 6-9 不同搅拌型式时叶轮线速度对浮选效果的影响

搅拌型式	叶轮线速度/(m/s)	精煤产率/%	精煤灰分/%	可燃体回收率/%
双轴	1.41	83.48	10.24	93.09
	4.24	85.83	10.37	95.71
	7.07	87.26	10.78	96.88
	9.89	86.88	10.42	96.65
单轴	1.41	81.47	9.78	91.29
	4.24	83.40	10.16	93.12
	7.07	83.50	10.48	93.81
	9.89	83.70	10.57	93.97

从表 6-9 可以看出：

(1) 两种搅拌方式下，精煤可燃体回收率都随着叶轮线速度的提高逐渐增加，但超过一定转速后，可燃体回收率基本保持不变；精煤灰分随着叶轮线速度的提高变化不明显。其主要原因是该厂煤泥较易浮，因此搅拌转速提高至一定程度后，进一步提高搅拌强度，精煤可燃体回收率可提高的空间逐渐减小。

(2) 双轴搅拌时的调浆效果普遍优于单轴搅拌。双轴搅拌时，叶轮线速度为 4.24 m/s 时，精煤可燃体回收率即可达到 95.71%，说明在较低的叶轮线速度时，就可以获得较高的精煤可燃体回收率。而单轴搅拌时，随着叶轮线速度的提高，可燃体回收率增加有限，叶轮线速度从 1.41 m/s 提高至 7.07 m/s时，精煤可燃体回收率仅从 91.29%增加到 93.81%。可见，双轴搅拌具有比单轴搅拌更好的调浆效果。

煤泥浮选试验结果表明：通过对搅拌槽结构进行优化比单独提高搅拌转速更有利于提高微细粒煤泥的分选和回收效果，进一步验证了双轴搅拌装置的优越性。

6.3 双轴搅拌装置工业试验研究

山西某大型现代化矿井核定产能 750 万 t/a，洗精煤产量为 450 万 t/a，其煤质为中灰、特低磷、低硫、高发热量、高熔点的贫煤，属优质动力煤和化工用煤。

6.3.1 选煤厂浮选入料性质分析

6.3.1.1 粒度组成分析

对该矿选煤厂浮选入料进行取样，其粒度组成如表 6-10 所列。

表 6-10 浮选机入料筛分组成表

粒级/mm	产率/%	灰分/%	筛上累计/%		筛下累计/%	
			产率	灰分	产率	灰分
1～0.50	0.62	5.39	0.62	5.39	100.00	21.12
0.50～0.25	2.31	5.86	2.93	5.76	99.38	21.22
0.25～0.125	2.87	5.42	5.80	5.59	97.07	21.59
0.125～0.074	13.94	5.76	19.74	5.71	94.20	22.08
0.074～0.045	8.85	9.21	28.59	6.79	80.26	24.91
－0.045	71.41	26.86	100.00	21.12	71.41	26.86
合计	100.00	21.12				

由表 6-10 可见，该矿选煤厂的浮选入料中粒度大于 0.5 mm 的煤泥含量较少，仅为 0.62%，0.5～0.25 mm 粒级的产率为 2.31%，粗粒级的产率较低。随着粒度的减小，灰分逐渐增加，浮选入料中－0.045 mm 的煤样产率为 71.41%，灰分为 26.86%，该粒级煤泥灰分最高，说明矸石易泥化。浮选入料中大量存在的高灰细泥会对浮选造成一定的影响，导致浮选精煤产率降低、药剂消耗量增加、精煤灰分偏高等问题，因此在浮选过程中，如何强化－0.045 mm 细粒级的分选和回收是提高该选煤厂浮选效果的关键。

6.3.1.2 密度组成分析

对浮选入料进行小浮沉试验，试验结果如表 6-11 所列。

表 6-11 浮选入料浮沉试验结果表

浮出物密度/(g/cm³)	产率/%	灰分/%	累计/%			
			浮物		沉物	
			产率	灰分	产率	灰分
−1.3	13.62	6.68	13.62	6.68	100.00	20.99
1.3～1.4	40.60	9.07	54.22	8.47	86.38	23.25
1.4～1.5	25.84	12.23	80.06	9.68	45.78	35.83
1.5～1.6	3.05	25.11	83.11	10.25	19.94	66.41
1.6～1.7	1.48	34.19	84.59	10.67	16.89	73.87
1.7～1.8	1.12	41.06	85.71	11.07	15.41	77.68
+1.8	14.29	80.55	100.00	20.99	14.29	80.55
合计	100.00	20.99				

从表 6-11 中可以看出，该浮选入料中密度小于 1.4 g/cm^3 的产率为 54.22%，灰分为 8.47%，其中−1.3 g/cm^3 密度级含量为 13.62%，灰分为 6.68%。1.4～1.6 g/cm^3 中间密度级的含量为 28.89%，灰分为 13.59%，其中 1.4～1.5 g/cm^3 密度级的产率为 25.84%，灰分为 12.23%。密度低于 1.8 g/cm^3 的累计产率为 85.71%，灰分为 11.07%；密度大于 1.8 g/cm^3 的产率为 14.29%，灰分为 80.55%。分析表明，该煤样 1.3～1.4 g/cm^3 密度级占主导，中间连生体相对较少。

6.3.1.3 X 射线衍射(XRD)分析

对浮选入料进行 XRD 分析，其 XRD 图谱如图 6-10 所示。由图可见，浮选入料中脉石矿物主要为黏土矿物高岭石，还含有少量的石英。以高岭石为主的黏土矿物亲水性极强，遇水容易泥化。

6.3.1.4 X 射线荧光光谱(XRF)分析

对浮选入料燃烧后的灰成分进行 XRF 分析，得到该浮选入料灰成分中各主要元素的含量，如表 6-12 所列。由表可见，浮选入料灰成分中主要元素为 O、Si、Al、Fe、S 等元素，还有少量的 Ca、K、Ti、Mg 等元素，这些元素主要是高岭石、石英等黏土矿物的组成元素。XRF 结果与 XRD 结果基本一致。

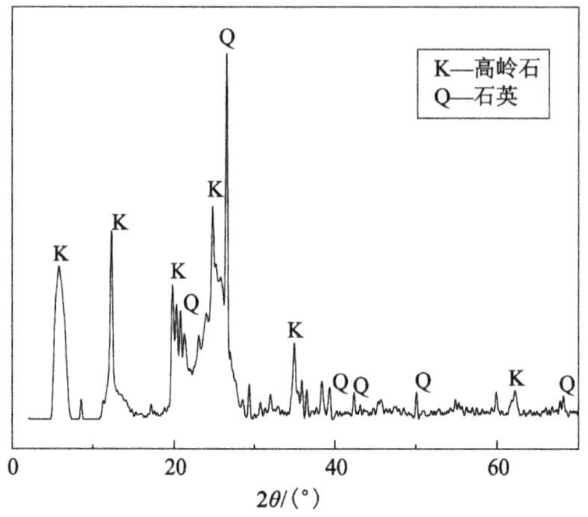

图 6-10 浮选入料 XRD 分析结果图

表 6-12 浮选入料灰成分主要元素含量表

元素	O	Si	Al	Fe	Ca	S	K	Ti	Mg
含量/%	45.17	23.18	15.14	5.09	2.59	3.33	2.17	1.26	0.47

6.3.2 浮选调浆试验

该矿选煤厂目前共有 4 组浮选机，每组浮选机由 4 台 16 m^3 的浮选机组成，采用 4 台直径为 3 m 的矿浆预处理器进行调浆，每台矿浆预处理器对应 1 组浮选机。通过对选煤厂现场浮选系统考察发现，浮选机浮选时经常会出现浮选设备前两室泡沫少的情况，浮选速度较低，导致浮选整体精煤产率偏低。对选煤厂现场矿浆预处理器设备进行改造，将 1 台矿浆预处理器更换成双轴搅拌装置。主要参数如表 6-13 所列，改造后的双轴强制剪切调浆装置如图 6-11 所示。

表 6-13 双轴表面改质装置主要参数

参数	搅拌轴 1	搅拌轴 2
电机功率/kW	18.5	15
叶轮直径/mm	700	450
叶轮转速/(r/min)	240	360

图 6-11 矿浆预处理器改造为双轴表面改质机

6.3.3 结果与分析

改造后，系统进入正常生产后，对现场浮选系统进行取样，对现场矿浆预处理器和表面改质机调浆后的浮选产品分别取样，对浮选系统入料、精煤（总精煤和浮选槽第一、二、三、四室精矿）和尾煤分别进行取样。

矿浆预处理器调浆和双轴表面改质机调浆后浮选效果对比如表 6-14 所列。

表 6-14 矿浆预处理器与双轴表面改质机调浆浮选指标对比

名称	矿浆预处理器指标/%			双轴表面改质机指标/%			表面改质机与预处理器指标差值/百分点		
	灰分	产率	可燃体回收率	灰分	产率	可燃体回收率	灰分	产率	可燃体回收率
浮选入料	21.29	100.00	100.00	21.21	100.00	100.00			
第一室精煤	6.91	30.77	36.39	6.83	35.65	42.16	−0.08	4.88	5.77
第二室精煤	8.05	21.94	25.63	7.99	26.06	30.43	−0.06	4.12	4.80
第三室精煤	9.11	15.42	17.81	9.38	11.16	12.84	0.27	−4.26	−4.97
第四室精煤	13.09	7.53	8.31	13.36	6.79	7.47	0.27	−0.74	−0.85
总精煤	8.30	75.66	88.14	8.12	79.66	92.89	−0.18	4.00	4.75
尾煤	61.67	24.34	11.86	72.47	20.34	7.11			

由表 6-14 可见：

（1）矿浆预处理器调浆时浮选入料的灰分为 21.29%，浮选精煤的产率为 75.66%，灰分为 8.30%，尾煤产率为 24.34%，灰分为 61.67%。

（2）表面改质机调浆时浮选入料灰分为 21.21%，浮选精煤的产率为 79.66%，灰分为 8.12%，尾煤产率为 20.34%，灰分为 72.47%。

（3）与矿浆预处理器相比，采用表面改质机调浆，在浮选精煤灰分基本相当的情况下，精煤产率提高了 4 个百分点，可燃体回收率提升了 4.80 个百分点。

为了考察表面改质机与矿浆预处理器的药剂用量，在药剂添加处对药剂用量进行计量，其药剂用量对比结果如表 6-15 所列。

表 6-15　矿浆预处理器与表面改质机药剂用量对比

设备名称	捕收剂用量/(g/min)	起泡剂用量/(g/min)
矿浆预处理器	144.00	147.60
表面改质机	98.00	106.60
差值	31.94%	27.78%

由表 6-15 可见，与矿浆预处理器相比，改造后的双轴表面改质调浆装置，其捕收剂用量可节省 30%左右，起泡剂用量可节省 25%左右。

参考文献

[1] 于跃先. 煤泥浮选颗粒间相互作用及对浮选影响研究[D]. 北京：中国矿业大学(北京)，2018.

[2] 申杰，黄勇，张嘉云，等. 余吾选煤厂细粒煤泥调浆浮选试验研究[J]. 煤炭加工与综合利用，2021(3)：14-18，4.

[3] YANG L，LI D L，ZHU Z N，et al. Effect of the intensification of preconditioning on the separation of unburned carbon from coal fly ash[J]. Fuel，2019，242：174-183.

[4] 张凯，刘友国. 基于湍流强化能量密度适配技术的煤泥浮选混合调浆研究[J]. 选煤技术，2022，50(3)：53-58.

[5] MAO Y Q，XIA W C，XIE G Y，et al. Effects of pre-wetting time on surface topography and floatability of lignite particles[J]. Powder technology，2020，359：1-7.

[6] WARREN L J. Shear-flocculation of ultrafine scheelite in sodium oleate solutions[J]. Journal of colloid and interface science，1975，50(2)：307-318.

[7] NI C，ZHANG Q S，JIN M G，et al. Effect of high-speed shear flocculation on the flotation kinetics of ultrafine microcrystalline graphite[J]. Powder technology，2022，396：345-353.

[8] HUANG X T，XIAO W，ZHAO H B，et al. Hydrophobic flocculation flotation of rutile fines in presence of styryl phosphonic acid[J]. Transactions of nonferrous metals society of China，2018，28(7)：1424-1432.

[9] 杨俊彦，孙浩杰，李雪林，等. 剪切絮凝浮选工艺回收氰化尾渣中铜铅锌

试验研究[J]. 黄金,2022,43(2):94-99.
[10] 邢耀文. 颗粒气泡间相互作用力及液膜薄化动力学研究[D]. 徐州:中国矿业大学,2018.
[11] LASKOWSKI J S. A new approach to classification of flotation collectors[J]. Canadian metallurgical quarterly,2010,49(4):397-404.
[12] WANG N N,NI W L,WANG D,et al. Deformation and breakup behaviors of a Giesekus viscoelastic droplet in Newtonian shear flow[J]. Computers & fluids,2023,263:105970.
[13] LIAO Y X,LUCAS D. A literature review of theoretical models for drop and bubble breakup in turbulent dispersions[J]. Chemical engineering science,2009,64(15):3389-3406.
[14] 马力强,韦鲁滨,李吉辉,等. 煤泥高效调浆理论研究与应用[J]. 中国矿业大学学报,2012,41(2):315-319.
[15] WANG H N,LI D L,YANG W Q,et al. Optimizing oxidized coal flotation using impact flow conditioning pulp[J]. International journal of coal preparation and utilization,2022,42(8):2299-2313.
[16] 张峰. 高剪切调浆煤泥浮选动力学研究[D]. 太原:太原理工大学,2019.
[17] 张振鑫. 叶轮转速与颗粒粒径对浮选机内流场影响数值研究[D]. 武汉:武汉科技大学,2022.
[18] 罗惠华,赵泽阳,蔡忠俊,等. 剪切搅拌絮凝浮选回收晋宁低品位堆存磷矿[J]. 化工矿物与加工,2021,50(7):26-30.
[19] 金明国. 基于高剪切选择性絮凝调浆的隐晶质石墨浮选研究[D]. 徐州:中国矿业大学,2017.
[20] 马力强,李吉辉,黄根,等. 煤泥浮选高剪切调浆技术装备及其应用[J]. 选煤技术,2021(1):28-32.
[21] 李吉辉,马力强,吴伦,等. 高剪切调浆和捕收剂乳化处理对煤泥浮选效果的影响研究[J]. 选煤技术,2019(1):67-71.
[22] 梁龙,李强,胡鹏飞,等. 细泥罩盖对煤炭可浮性的影响规律[J]. 煤炭学报,2021,46(9):2793-2803.
[23] QUAST K. Use of conditioning time to investigate the mechanisms of

interactions of selected fatty acids on hematite Part Ⅱ: laboratory investigations[J]. Minerals engineering,2015,79:301-305.

[24] 吴港生,胡阳,王毓华,等.机械搅拌预处理强化锂辉石和硅酸盐矿物浮选分离的研究[J].有色金属工程,2022,12(10):95-100,137.

[25] 李吉辉,马力强,成功,等.煤泥浮选调浆技术与设备研究进展[J].煤炭工程,2014,46(9):109-111,115.

[26] 李星明.大型搅拌槽叶轮形状对矿浆浓度分布影响的研究[D].沈阳:沈阳工业大学,2017.

[27] 胡锡文,林兴华,刘海洋,等.8种搅拌器搅拌特性的实验研究[J].化工机械,2005,32(5):259-262.

[28] 马力强,陈清如.煤泥调浆技术与设备的研究现状及进展[J].煤炭科学技术,2011,39(4):11-16.

[29] 马力强,孙先凤,黄根,等.煤泥调浆机理与设备发展历程及应用[J].洁净煤技术,2018,24(1):1-5.

[30] 杨涵曦.强湍流水力对旋式调浆设备液-固混合特性及改性性能[D].徐州:中国矿业大学,2021.

[31] 周伟.射流源调浆流场优化及其作用下煤泥与捕收剂作用机制的研究[D].淮南:安徽理工大学,2019.

[32] 刘艳,闫露丹,谷瑞,等.撞击流强制混合器强化粉煤灰浮选调浆的试验研究[J].选煤技术,2020(6):12-16.

[33] 谢广元.选矿学[M].徐州:中国矿业大学出版社,2012.

[34] 张立华,周国亮,朱金波,等.煤浆预处理器的综合评述[J].选煤技术,2011(5):65-70.

[35] 林宜炎,王自立.应用日本M-COL系统提高浮选效果[J].煤炭科学技术,2002,30(10):30-31.

[36] 谢国龙,雷同,郭小慧,等.M-COL2100型表面改质机在司马煤业有限公司选煤厂的应用[J].选煤技术,2008(5):39-40.

[37] 张宝玉.表面改质机在东曲矿选煤厂的应用[J].中国煤炭,2007,33(6):64-65,4.

[38] ZHU Q H,XIAO H,CHEN A Q,et al. CFD study on double- to single-loop flow pattern transition and its influence on macro mixing effi-

ciency in fully baffled tank stirred by a Rushton turbine[J]. Chinese journal of chemical engineering,2019,27(5):993-1000.

[39] 王超.固液搅拌槽内颗粒临界悬浮特性和机理研究[D].北京:北京化工大学,2021.

[40] 张国娟.搅拌槽内混合过程的数值模拟[D].北京:北京化工大学,2004.

[41] 周国忠.搅拌槽内流动与混合过程的实验研究及数值模拟[D].北京:北京化工大学,2002.

[42] YANG F L,ZHOU S J,WANG G C. Detached eddy simulation of the liquid mixing in stirred tanks[J]. Computers & fluids, 2012, 64: 74-82.

[43] ZAMIRI A,CHUNG J T. Numerical evaluation of turbulent flow structures in a stirred tank with a Rushton turbine based on scale-adaptive simulation[J]. Computers & fluids,2018,170:236-248.

[44] BASAVARAJAPPA M, MISKOVIC S. CFD simulation of single-phase flow in flotation cells:effect of impeller blade shape,clearance, and Reynolds number[J]. International journal of mining science and technology,2019,29(5):657-669.

[45] SINGH H,FLETCHER D F,NIJDAM J J. An assessment of different turbulence models for predicting flow in a baffled tank stirred with a Rushton turbine[J]. Chemical engineering science,2011,66(23):5976-5988.

[46] ZIDOUNI KENDIL F,DANCIU D V,LUCAS D,et al. Comparison of two turbulence models in simulating an axisymmetric jet evolving into a tank[J]. Journal of physics:conference series,2011,318(4):042035.

[47] PUKKELLA A K, VYSYARAJU R, TAMMISHETTI V, et al. Improved mixing of solid suspensions in stirred tanks with interface baffles:CFD simulation and experimental validation[J]. Chemical engineering journal,2019,358:621-633.

[48] HASHIMOTO S, NATAMI K, INOUE Y. Mechanism of mixing enhancement with baffles in impeller-agitated vessel, part Ⅰ: a case

study based on cross-sections of streak sheet[J]. Chemical engineering science,2011,66(20):4690-4701.

[49] XU W T,TAN Y B,LI M,et al. Effects of surface vortex on the draw-down and dispersion of floating particles in stirred tanks[J]. Particuology,2020,49:159-168.

[50] AMMAR M,CHTOUROU W,DRISS Z,et al. Numerical investigation of turbulent flow generated in baffled stirred vessels equipped with three different turbines in one and two-stage system[J]. Energy,2011,36(8):5081-5093.

[51] XIONG X,LIU Z H,TAO C Y,et al. Study on instability strengthening of flow field in stirred tank[J]. Journal of the Taiwan institute of chemical engineers,2022,134:104284.

[52] TAGHAVI M,ZADGHAFFARI R,MOGHADDAS J,et al. Experimental and CFD investigation of power consumption in a dual Rushton turbine stirred tank[J]. Chemical engineering research and design,2011,89(3):280-290.

[53] BONG E Y,ESHTIAGHI N,WU J,et al. Optimum solids concentration for solids suspension and solid-liquid mass transfer in agitated vessels[J]. Chemical engineering research and design, 2015, 100: 148-156.

[54] YOUCEF K,BOUZIT M,HADJEB A,et al. CFD study of the effect of Baffles on the energy consumption and the flow structure in a vessel stirred by a Rushton turbine[J]. Mechanics,2016,22(3):190-197.

[55] MULE G M,LOHIA R,KULKARNI A A. Effect of number of branches on the performance of fractal impeller in a stirred tank: mixing and hydrodynamics[J]. Chemical engineering research and design,2016,108:164-175.

[56] SU T L,YANG F L,LI M T,et al. Characterization on the hydrodynamics of a covering-plate Rushton impeller[J]. Chinese journal of chemical engineering,2018,26(6):1392-1400.

[57] AMEUR H. Energy efficiency of different impellers in stirred tank re-

actors[J]. Energy,2015,93:1980-1988.

[58] WANG W,CHENG W,DUAN J M,et al. Effect of dispersed holdup on drop size distribution in oil-water dispersions:experimental observations and population balance modeling[J]. Chemical engineering science,2014,105:22-31.

[59] SRILATHA C,MORAB V V,MUNDADA T P,et al. Relation between hydrodynamics and drop size distributions in pump-mix mixer [J]. Chemical engineering science,2010,65(11):3409-3426.

[60] VONKA M, SOOS M. Characterization of liquid-liquid dispersions with variable viscosity by coupled computational fluid dynamics and population balances[J]. AIChE journal,2015,61(8):2403-2414.

[61] SCHÜTZ S,GORBACH G,PIESCHE M. Modeling fluid behavior and droplet interactions during liquid-liquid separation in hydrocyclones [J]. Chemical engineering science,2009,64(18):3935-3952.

[62] FATHI ROUDSARI S,TURCOTTE G,DHIB R,et al. CFD modeling of the mixing of water in oil emulsions[J]. Computers & chemical engineering,2012,45:124-136.

[63] FARZAD R,PIRKER S,SCHNEIDERBAUER S. Application of Eulerian-Eulerian-Lagrangian hybrid model to simulate liquid-liquid drop size distribution in stirred tank reactors[J]. Journal of dispersion science and technology,2020,42(1):103-118.

[64] 倪志南. 混合澄清槽中液-液两相流的计算流体力学研究[D]. 上海:华东理工大学,2018.

[65] ZHENG C H,GUO J S,WANG C K,et al. Experimental study and simulation of a three-phase flow stirred bioreactor[J]. Chinese journal of chemical engineering,2019,27(3):649-659.

[66] YOON H S,BALACHANDAR S,HA M Y. Large eddy simulation of passive scalar transport in a stirred tank for different diffusivities[J]. International journal of heat and mass transfer,2015,91:885-897.

[67] MICALE G,GRISAFI F,RIZZUTI L,et al. CFD simulation of particle suspension height in stirred vessels[J]. Chemical engineering research

and design,2004,82(9):1204-1213.

[68] MONTANTE G,MICALE G,MAGELLI F,et al. Experiments and CFD predictions of solid particle distribution in a vessel agitated with four pitched blade turbines[J]. Chemical engineering research and design,2001,79(8):1005-1010.

[69] TAMBURINI A,CIPOLLINA A,MICALE G,et al. Influence of drag and turbulence modelling on CFD predictions of solid liquid suspensions in stirred vessels[J]. Chemical engineering research and design,2014,92(6):1045-1063.

[70] BARRUE H,BERTRAND J,CRISTOL B,et al. Eulerian simulation of dense solid-liquid suspension in multi-stage stirred vessel[J]. Journal of chemical engineering of Japan,2001,34(5):585-594.

[71] BLAIS B,LASSAIGNE M,GONIVA C,et al. Development of an unresolved CFD-DEM model for the flow of viscous suspensions and its application to solid-liquid mixing[J]. Journal of computational physics,2016,318:201-221.

[72] 梁振山,隋秀兰,赵小朵.毕托管测试技术[J].华北电力技术,1999(11):24-25.

[73] 高正明,姚文杰,王英琛,等.应用热膜风速仪测定搅拌槽内气-液两相流的流体力学参数[J].化学反应工程与工艺,1994(1):90-97.

[74] 侯拴弟,王英琛,施力田.螺旋桨搅拌槽内湍流运动测量及数据处理[J].高校化学工程学报,1996(2):196-201.

[75] LI M Z,WHITE G,WILKINSON D,et al. Scale up study of retreat curve impeller stirred tanks using LDA measurements and CFD simulation[J]. Chemical engineering journal,2005,108(1/2):81-90.

[76] VIRDUNG T,RASMUSON A. Measurements of continuous phase velocities in solid-liquid flow at elevated concentrations in a stirred vessel using LDV[J]. Chemical engineering research and design,2007,85(2):193-200.

[77] GABRIELE A,TSOLIGKAS A N,KINGS I N,et al. Use of PIV to measure turbulence modulation in a high throughput stirred vessel

with the addition of high Stokes number particles for both up- and down-pumping configurations[J]. Chemical engineering science, 2011, 66(23):5862-5874.

[78] 樊建华,饶麒,王运东,等. 涡轮桨搅拌槽内流场的数字 PIV 测量[J]. 清华大学学报(自然科学版),2003,43(12):1605-1608.

[79] EDER A,DURST B,JORDAN M. Laser-doppler velocimetry—principle and application to turbulence measurements[M]//Heat and Mass Transfer. Berlin, Heidelberg: Springer Berlin Heidelberg, 2001: 117-138.

[80] OFNER B. Phase Doppler Anemometry (PDA)[M]//Optical measurements techniques and applications. 2nd. [s. l.]:Spriger,2001:139-152.

[81] GUIRAUD P,COSTES J,BERTRAND J. Local measurements of fluid and particle velocities in a stirred suspension[J]. Chemical engineering journal,1997,68(2/3):75-86.

[82] 来永斌,杨敏官,高波. 搅拌槽内轴向对流循环的试验[J]. 江苏大学学报(自然科学版),2009,30(4):379-382.

[83] 来永斌,杨敏官,高波. 轴流桨搅拌槽内完全湍流的研究[J]. 化学反应工程与工艺,2009,25(3):193-197.

[84] ENG M,RASMUSON A. Influence of solids on macro-instabilities in a stirred tank[J]. Chemical engineering research and design,2012,90(8):1052-1062.

[85] KOMRAKOVA A E,LIU Z,MACHADO M B,et al. Development of a zone flow model for the confined impeller stirred tank (CIST) based on mean velocity and turbulence measurements[J]. Chemical engineering research and design,2017,125:511-522.

[86] LAMARQUE N,ZOPPÉ B,LEBAIGUE O,et al. Large-eddy simulation of the turbulent free-surface flow in an unbaffled stirred tank reactor[J]. Chemical engineering science,2010,65(15):4307-4322.

[87] MONTANTE G,BAKKER A,PAGLIANTI A,et al. Effect of the shaft eccentricity on the hydrodynamics of unbaffled stirred tanks[J]. Chemical engineering science,2006,61(9):2807-2814.

[88] 吴莹. 搅拌槽内流动结构的 PIV 研究[D]. 北京:北京化工大学,2007.
[89] 薛亚运,周勇军,陶兰兰,等. 改进型 INTER-MIG 桨搅拌槽内流场的 PIV 实验研究[J]. 轻工机械,2016,34(5):39-43.
[90] SHARP K V,ADRIAN R J. PIV study of small-scale flow structure around a Rushton turbine[J]. AIChE journal,2001,47(4):766-778.
[91] LIU X H,BAO Y Y,LI Z P,et al. Analysis of turbulence structure in the stirred tank with a deep hollow blade disc turbine by time-resolved PIV[J]. Chinese journal of chemical engineering, 2010, 18(4): 588-599.
[92] FAN L,XU N. Experimental investigation of fibre particles in a turbulent stirred tank with DPIV[J]. Powder technology, 2017, 316: 329-337.
[93] NG K,FENTIMAN N J,LEE K C,et al. Assessment of sliding mesh CFD predictions and LDA measurements of the flow in a tank stirred by a rushton impeller[J]. Chemical engineering research and design, 1998,76(6):737-747.
[94] ZADGHAFFARI R,MOGHADDAS J S,REVSTEDT J. A mixing study in a double-Rushton stirred tank[J]. Computers & chemical engineering,2009,33(7):1240-1246.
[95] RANADE V V,PERRARD M,SAUZE N LE,et al. Trailing vortices of rushton turbine: PIV measurements and CFD simulations with snapshot approach[J]. Chemical engineering research and design, 2001,79:3-12.
[96] ESCUDIÉ R,BOUYER D,LINÉ A. Characterization of trailing vortices generated by a Rushton turbine[J]. AIChE journal,2004,50(1): 75-86.
[97] 冯博,冯其明,卢毅屏. 强搅拌调浆在金川硫化铜镍矿浮选中的作用机制研究[J]. 稀有金属,2014,38(5):861-867.
[98] 杨帆,朱宏政,张勇,等. 煤泥浮选调浆过程能量输入优化研究[J]. 煤炭工程,2022,54(7):164-169.
[99] 卢军,谭兴富,杨帆,等. 煤泥浮选过程能量输入对浮选效率的影响[J].

煤炭技术，2023，42(5)：269-272.

[100] CHANGUNDA K，HARRIS M，DEGLON D A. Investigating the effect of energy input on flotation kinetics in an oscillating grid flotation cell[J]. Minerals engineering，2008，21(12/13/14)：924-929.

[101] YAO N，LIU J T，SUN X，et al. A rational interpretation of the role of turbulence in particle-bubble interactions[J]. Minerals，2021，11(9)：1006.

[102] 桂夏辉，刘炯天，程敢，等. 能量输入对煤泥浮选过程的影响[J]. 中南大学学报(自然科学版)，2012，43(6)：2075-2083.

[103] 龙涛，陈伟. 调浆过程能量输入对微细粒白钨浮选矿浆流变特性的影响研究[J]. 矿冶工程，2019，39(5)：49-52，55.

[104] 李振，刘炯天，曹亦俊，等. 浮选调浆技术评析[J]. 矿山机械，2009，37(23)：98-103.

[105] 杨露. 基于湍流场特性的调浆过程强化机理研究[D]. 徐州：中国矿业大学，2020.

[106] 曾克文. 浮选槽内矿浆紊流强度对浮选影响的理论及应用研究[D]. 长沙：中南大学，2001.

[107] SBRIZZAI F，LAVEZZO V，VERZICCO R，et al. Direct numerical simulation of turbulent particle dispersion in an unbaffled stirred-tank reactor[J]. Chemical engineering science，2006，61(9)：2843-2851.

[108] 李振，刘炯天，曹亦俊. 搅拌调浆机制的固-液悬浮特性[J]. 煤炭学报，2011，36(3)：502-506.

[109] 桂夏辉，黄根，袁闯，等. 两段强制搅拌调浆的混合特性及对煤泥浮选的影响[J]. 北京科技大学学报，2013，35(4)：423-431.

[110] KUMAR H，LUOLAVIRTA K，AKRAM S U，et al. The effect of hydrodynamic conditions on the selective flotation of fully liberated low grade copper-nickel ore[J]. Minerals，2021，11(3)：328.

[111] SHEN Z C，ZHANG M，FAN X S，et al. Hydrodynamic and flotation kinetic analysis of a large scale mechanical agitated flotation cell with the typical impeller and the arc impeller[J]. Minerals，2019，9(2)：79.

[112] 苗一，潘家祯，牛国瑞，等. 多层桨搅拌槽内的宏观混合特性[J]. 华东理工大学学报(自然科学版)，2006，32(3)：357-360.

[113] 孙伟，谢泽军，胡岳华，等. Effect of high intensity conditioning on aggregate size of fine sphalerite[J]. Transactions of nonferrous metals society of China，2008 (2)：438-443.

[114] 陈强，张建辉，董干国，等. 不同导流筒结构的调浆搅拌槽流场分析[J]. 有色金属(选矿部分)，2014(6)：75-79.

[115] YAN X K，WANG W J，ZHANG H J，et al. Enhancement of liquid-solid mixing and particle hydrophobization by an impeller-less flotation pulp conditioning device [J]. Minerals engineering，2022，190：107933.

[116] 冯岸岸，周伟，朱金波，等. 射流-搅拌组合式煤泥调浆装置的设计与试验研究[J]. 选煤技术，2018(5)：67-70.

[117] 王海楠，杨文清，李丹龙，等. 冲击流强化浮选调浆的数值模拟与试验研究[J]. 煤炭学报，2020，45(增刊 1)：443-450.

[118] 韩有理，王星，朱金波，等. 射流-搅拌耦合式浮选装置强化煤泥调浆浮选[J]. 中国矿业大学学报，2023，52(2)：380-388，416.

[119] VALDERRAMA L，RUBIO J. High intensity conditioning and the carrier flotation of gold fine particles[J]. International journal of mineral processing，1998，52(4)：273-285.

[120] BILAL M，ITO M，KOIKE K，et al. Effects of coarse chalcopyrite on flotation behavior of fine chalcopyrite [J]. Minerals engineering，2021，163：106776.

[121] TABOSA E，RUBIO J. Flotation of copper sulphides assisted by high intensity conditioning (HIC) and concentrate recirculation[J]. Minerals engineering，2010，23(15)：1198-1206.

[122] KOCA S，KOCA H. Carrier flotation of alunite from Kaolin clay [M]//Developments in Mineral Processing. Amsterdam：Elsevier，2000：C11-1-C11-8.

[123] 朱阳戈，张国范，冯其明，等. 微细粒钛铁矿的自载体浮选[J]. 中国有色金属学报，2009，19(3)：554-560.

[124] CHEN P,CHEN Y C,LIU H,et al. Novel approach for fine ilmenite flotation using hydrophobized glass bubbles as the buoyant carrier [J]. Minerals,2021,11(3):231.

[125] AKDEMIR Ü,HIÇYILMAZ C. Selective shear flocculation of chromite from chromite-serpentine mixtures[J]. Colloids and surfaces A: physicochemical and engineering aspects,1998,132(1):75-79.

[126] WANG Y H,HUANG C B,HU Y H,et al. Beneficiation of diasporic-bauxite ore by selective flocculation with a polyacrylate flocculant[J]. Minerals engineering,2008,21(9):664-672.

[127] WEISSENBORN P K,WARREN L J,DUNN J G. Selective flocculation of ultrafine iron ore 2. Mechanism of selective flocculation[J]. Colloids and surfaces A: physicochemical and engineering aspects, 1995,99(1):29-43.

[128] PENG W J,LV S,CAO Y J,et al. A novel pH-responsive flocculant for efficient separation and recovery of Cu and Mo from secondary resources via selective flocculation-flotation[J]. Journal of cleaner production,2023,395:136463.

[129] ZOU W J,GONG L,HUANG J,et al. Adsorption of hydrophobically modified polyacrylamide P(AM-NaAA-C16DMAAC) on model coal and clay surfaces and the effect on selective flocculation of fine coal [J]. Minerals engineering,2019,142:105887.

[130] SONG S,LU S. Theory and applications of hydrophobic flocculation technology[M]//Developments in Mineral Processing. Amsterdam: Elsevier,2000:C5-31-C5-38.

[131] ENGEL M D,MIDDLEBROOK P D,JAMESON G J. Advances in the study of high intensity conditioning as a means of improving mineral flotation performance[J]. Minerals engineering, 1997, 10 (1):55-68.

[132] CHEN G,GRANO S,SOBIERAJ S,et al. The effect of high intensity conditioning on the flotation of a nickel ore. Part 1:size-by-size analysis[J]. Minerals engineering,1999,12(10):1185-1200.

[133] CHEN G,GRANO S,SOBIERAJ S,et al. The effect of high intensity conditioning on the flotation of a nickel ore,part 2:mechanisms[J]. Minerals engineering,1999,12(11):1359-1373.

[134] YANG Y,WU A X,WANG X C,et al. Effect of shear ratio on rheological properties of suspension in two-step flocculation process for fine iron tailings[J]. Frontiers in materials,2023,10:1217947.

[135] 刘炯天. 旋流-静态微泡柱分选方法及应用(之一) 柱分选技术与旋流-静态微泡柱分选方法[J]. 选煤技术,2000(1):42-44.

[136] 刘炯天,李小兵,王永田,等. 旋流-静态微泡浮选柱浮选某难选钼矿的试验研究[J]. 中南大学学报(自然科学版),2008,39(2):300-306.

[137] 曹亦俊,李国胜,刘炯天,等. 胶磷矿柱式双反浮选工艺研究[J]. 中国矿业大学学报,2009,38(6):824-828.

[138] HARBORT G,DE BONO S,CARR D,et al. Jameson Cell fundamentals:a revised perspective[J]. Minerals engineering,2003,16(11):1091-1101.

[139] 朱志波,朱书全,陈慧昀,等. 浮选动力学模型研究进展及展望[J]. 洁净煤技术,2017,23(2):20-24.

[140] FUERSTENAU D W,DIAO J L. Characterization of coal oxidation and coal wetting behavior by film flotation[J]. Coal preparation,1992,10(1/2/3/4):1-17.

[141] XIA W C,REN C C,PENG Y L,et al. Comparison of traditional and zero-conditioning flotation performances of oxidized anthracite coal [J]. Powder technology,2015,275:280-283.

[142] HU Y H,QIU G Z,MILLER J D. Hydrodynamic interactions between particles in aggregation and flotation[J]. International journal of mineral processing,2003,70(1/2/3/4):157-170.

[143] YAO W G,SATO H,TAKAHASHI K,et al. Mixing performance experiments in impeller stirred tanks subjected to unsteady rotational speeds[J]. Chemical engineering science,1998,53(17):3031-3040.

[144] 高殿荣,郭明杰,李岩,等. 变速搅拌混沌混合的 PIV 试验研究[J]. 机械工程学报,2006,42(8):44-49.

[145] 张翠勋. 变速搅拌槽内流场的数值模拟及实验研究[D]. 济南:山东大学,2009.

[146] 卢寿慈,翁达. 界面分选原理及应用[M]. 北京:冶金工业出版社,1992.

[147] 卢寿慈. 工业悬浮液:性能,调制及加工[M]. 北京:化学工业出版社,2003.

[148] 北京矿冶研究总院《有机浮选药剂分析》组. 有机浮选药剂分析[M]. 北京:冶金工业出版社,1987.

[149] SHEN J C, DUVNJAK Z. A reversible surface reaction model with an effectiveness factor and its application to sorption kinetics of cupric ions on corncob particles[J]. Separation and purification technology,2005,44(1):69-77.

[150] YU W Z, GREGORY J, CAMPOS L, et al. The role of mixing conditions on floc growth, breakage and re-growth[J]. Chemical engineering journal,2011,171(2):425-430.

[151] SOOS M, MOUSSA A S, EHRL L, et al. Effect of shear rate on aggregate size and morphology investigated under turbulent conditions in stirred tank[J]. Journal of colloid and interface science,2008,319(2):577-589.

[152] BUBAKOVA P, PIVOKONSKY M, FILIP P. Effect of shear rate on aggregate size and structure in the process of aggregation and at steady state[J]. Powder technology,2013,235:540-549.

[153] OLIVEIRA C, RODRIGUES R T, RUBIO J. A new technique for characterizing aerated flocs in a flocculation-microbubble flotation system[J]. International journal of mineral processing,2010,96(1):36-44.

[154] LJUNGQVIST M, RASMUSON A. Numerical simulation of the two-phase flow in an axially stirred vessel[J]. Chemical engineering research and design,2001,79(5):533-546.

[155] 丁绪淮,周理. 液体搅拌[M]. 北京:化学工业出版社,1983.

[156] LIMA O A, DEGLON D A, LEAL FILHO L S. A comparison of the

critical impeller speed for solids suspension in a bench-scale and a pilot-scale mechanical flotation cell[J]. Minerals engineering,2009,22(13):1147-1153.

[157] ZWIETERING T N. Suspending of solid particles in liquid by agitators[J]. Chemical engineering science,1958,8(3):244-253.

[158] YOON R H,MAO L Q. Application of extended DLVO theory, Ⅳ[J]. Journal of colloid and interface science,1996,181(2):613-626.

[159] YIN W Z,YANG X S,ZHOU D P,et al. Shear hydrophobic flocculation and flotation of ultrafine Anshan hematite using sodium oleate[J]. Transactions of nonferrous metals society of China, 2011, 21(3):652-664.

[160] 邱冠周.颗粒间相互作用与细粒浮选[M].长沙:中南工业大学出版社,1993.

[161] LU S C,DING Y Q,GUO J Y. Kinetics of fine particle aggregation in turbulence[J]. Advances in colloid and interface science, 1998, 78(3):197-235.

[162] FIRTH B A,HUNTER R J. Flow properties of coagulated colloidal suspensions[J]. Journal of colloid and interface science,1976,57(2):248-256.

[163] MÜHLE K,DOMASCH K. Stability of particle aggregates in flocculation with polymers [J]. Chemical engineering and processing: process intensification,1991,29(1):1-8.

[164] BLASER S. Flocs in shear and strain flows[J]. Journal of colloid and interface science,2000,225(2):273-284.

[165] JARVIS P,JEFFERSON B,GREGORY J,et al. A review of floc strength and breakage[J]. Water research,2005,39(14):3121-3137.

[166] OLDSHUE. Fluid mixing technology[M]. New York:McGraw-Hill Pub Co. ,1983.

[167] NAGATA. Mixing:principles and application[M]. New York:Wiley,1975.

[168] CAMP T R,STEIN P C. Velocity gradients and internal work in flu-

id motion[J]. Journal of Boston society of civil engineering,1943,30:219-237.

[169] SAFFMAN P G,TURNER J S. On the collision of drops in turbulent clouds[J]. Journal of fluid mechanics,1956,1:16-30.